沈源　编著

家居
精细化设计
解剖书

THE ANATOMICAL BOOK OF
INTERIOR DETAILED DESIGN

化学工业出版社

·北京·

图书在版编目（CIP）数据

家居精细化设计解剖书 / 沈源编著 . —北京：化学工业出版社，2017.5（2024.4重印）
ISBN 978-7-122-29285-8

Ⅰ.①家… Ⅱ.①沈… Ⅲ.①住宅－室内装饰设计
Ⅳ.① TU241

中国版本图书馆 CIP 数据核字（2017）第 050554 号

责任编辑：孙梅戈　　　　　　　　　　　装帧设计：王晓宇
责任校对：边　涛

出版发行：化学工业出版社（北京市东城区青年湖南街 13 号　邮政编码 100011）
印　　装：涿州市般润文化传播有限公司
710mm×1000mm　1/16　印张 15¾　字数 294 千字　2024 年 4 月北京第 1 版第 4 次印刷

购书咨询：010-64518888　　　　　　　　售后服务：010-64518899
网　　址：http://www.cip.com.cn
凡购买本书，如有缺损质量问题，本社销售中心负责调换。

定　　价：78.00 元

一、精装修成品住宅的概念

人类居所的发展历程镌刻着时代烙印，见证着社会的发展，而每一次住宅设计的革新，都会使我们的生活品质产生质的提升，也从一个侧面体现着社会文明的进步。精装修成品住宅是随着我国建筑行业现代化、住宅建设产业的发展应运而生的先进产品，其基本含义是房地产开发商在房屋交付给消费者使用前，对住宅室内的天、地、墙、水、电、气等设备硬件设施均已装修完备的产品。目前市场上的精装修成品住宅具备以下四个特征。

1. 建筑、装修设计追求一体化

住宅装修设计在建筑设计的前期就开始介入，并在深化过程中不断完善，装修设计要贯穿和协调建筑设计全过程。通过一体化设计，可以对住宅设计及产业链条上的环节进行整合，使住宅设计更为合理。

2. 现场施工追求集约化

装修施工彻底摆脱一家一户、零敲碎买的"游击队"方式，代之以管理更为系统的装修工程承包商，提供规模化、集中化的装修施工。并且，这其中相当部分的装修材料、部件将由专业厂商通过集约化的采购、订货，在工厂中统一批量加工，按工业化生产方式提供给工程承包商。

3. 装修理念追求科学的个性化

这也区别于那些固有的家庭装修概念——家居装修就意味着要在毛坯房里完全由业主"发挥个性"。而精装修的成品住宅产品，是由开发商分析、理解意向业主的需求，提供基础的、满足功能的硬质装修，并通过标准模块组成，以"标准化"满足"多样化"。而彰显家居个性化的软性装饰，则由业主在入住后自主完成。

4．管理、售后服务关系明晰化

业主与开发商签订购房及装修合同，如有任何质量或其他问题也只需与开发商进行交涉。开发商统一协调各类资源，对提供的部件、材料进行服务和管理。

精装修成品住宅历经了十余年的发展，在市场上已占有了相当的比重，且大有蓬勃发展之势。我们完全可以相信，这样的成品住宅就是针对现有住宅产品的一次革新和系统升级。

二、精装修成品住宅的优势

1．有利于装修设计水平的提高

批量装修的规模效应能吸引更多专业室内设计师系统地研究客户需求，进一步提高装修设计的精细度。同时，住宅设计与装修设计是同一个委托方——开发商，使得住宅设计与装修设计能有机地结合，在设计阶段就能考虑到建筑、结构、设备之间的关系，使住宅整体性能更好。

2．有利于装修质量及造价的控制

装修的材料及设备品种繁多，更新频繁，寻常百姓无法了解。精装修成品住宅的材料及设备购置由专业人士控制，同时由于承包商与供应商是长期合作关系，材料及设备多是批量、直接向厂家采购的，质量更有保证，价格也低于市场零售价。同时，随着专业技术人员的介入，更多功能先进、无污染的材料得以选用，而材料的性能提升以及环保问题得到重视，客观上也促进了建材行业的发展。

3．施工质量有保障

批量精装修工程通过招标方式能够择优选择有实力的大型施工队伍进入家装行业，有效地提高装修的质量管理水平。此外，由于很多材料部件是在工厂里批量加工运输到现场施工的，减少了诸如现场喷漆等环节，提高了成品保护水平；施工中又多是集中安排流水作业，组织劳动力，工艺上减少交叉破坏；并且对于管线等隐蔽工程的安排都有明确的图纸记录，为日后的维护提供了方便。这些过程都使住户获得较为可靠的质量保障。

4．社会监控有保障

由于精装修住房提供的是一种一次性统一完成的成品，住宅建设从设计、施工、监理、验收的各个环节都能得到职能部门的有效监控。建设由一个主体完成，也减少了对问题相互推诿的情况，责任明确，也便于后续服务和管理。

所谓住宅产业现代化，就是让住宅纳入社会化大生产范畴，以住宅成品作为最终产品，做到设计多样化、标准化，施工机械化、装配化，住宅部品的通用化、系列化，以及住宅管理的专业化、规范化。精装修成品房能提高装修专业化程度，形成规模效应以适合产业化生产，促进住宅整体行业水平提升，顺应了高效的生产方式和住宅产业化方向。也许不久的将来，"毛坯房"就会在我们的视野里消失。

三、精装修成品住宅的前景

精装修作为居住产品的发展趋势，正越来越多地被各界所接受，而未来的成品住宅在继续强化室内装修与建筑设计协同上，还会更为关注以下方面。

1. 深入倡导模数化、系列化的设计手段，提高建造过程的"绿色度"

标准化的基础是住宅的全面部品化，部品化的基础是模数化，目前，国内由于住宅产业化发展水平的制约，模数化的应用至今还局限在结构构件及配件的预制与安装方面，对住宅内装修产品、设备和设施安装等方面仍缺少指导。在整体住宅设计中营造一个统一的标准法则，需要模数、模块、精装修工程三方面的支撑，其中，模数协调无疑是核心内容，只有协调好模数加上专业创新才能形成空间一体化。如果设计中标准化本身做得不好，那会在建造过程中出现很多"定制品"，成本、工期、质量及安装的难易度等方面必然大打折扣，"绿色度"不高。采用模数化、系列化的设计手段，能够提高部品的标准化程度，可以以较少种类的标准化构件和部品进行有机的集成，实现更丰富的功能。

2. 兼顾全年龄人群的居住需求，增加住宅全生命期的适应性

结婚生子、居家养老，随着家庭成员生活状态的变化，人们对室内活动的需求也会随之变化。未来成品住宅设计应更加关注通用和适老性设计，提倡装修设计中对相关设施等的排布位置、加固件的预留预埋等加以考虑。例如，目前室内大量采用轻质墙体，这不但实现了部分废材的回用，也在一定程度上实现了建筑的轻量化，减轻了结构负担，但一般来讲，轻质隔墙条板等墙体存在一定的吊挂力不足的情况，而精细的装修设计对住宅未来安装挂墙电视、功能型辅助设施、画框等加固条件提高关注度，一定程度上能增加住宅全生命期适应性。

3．采用室内声、光、热综合环境指标，改善室内环境

随着大家对居住健康问题的关注，成品住宅也要全方位对环境质量进行把控，促使采用更先进的技术提升装修品质。虽然多数环保材料和施工工艺符合国家要求，但全装修住宅是由多种材料有机地集成，目前也存在着虽然材料符合国家标准，但经过各种组合集成、建造工艺加工、化学黏结剂使用，反而出现室内污染物累积叠加而引起新的室内环境问题，这方面也需要合理的考虑。另外，墙体大量安装线盒、各类穿管线，容易形成"声桥"，导致室内隔声、户间隔声性能下降，这也是值得关注的问题。

4．不断引入先进建造工法和产品，提高住宅全装修工业化水平

成品住宅应适时引领产业发展，提倡更先进的设计手段和适度超前的装配式建造工法。传统的装修施工必须剔凿墙体安装管线，给墙体带来"硬伤"，甚至出现结构隐患。而未来的成品住宅更提倡装配式建造，比如，装配式的贴面墙可以在建筑墙体与饰面板间留出足够各类管线穿越的空间，使管线"不入墙"，这样，揭开面板即可对其进行处理，给检修提供了便利，也避免了墙体剔凿造成的安全问题；而装配式的住宅地暖系统，能够实现快速施工安装的同时，避免地暖盘管"埋地"，使后期维修和更替更加方便。上述工业化装配式施工，工期能提高70%以上。拿隔墙的建造来说，传统抹灰、刮腻子找平需要一周时间，这种装配式墙板的安装只要一天。而且工业化的建造方式也能够大量减少现场工人的劳动强度，避免作业场地扬尘、噪声等对健康的影响。同时，适当引入工业化建造方法，使手工作业占比降至最低，还能使建造精准度得到提高，保证品质。另外，先进装配式建造技术的使用，能够大量节约住宅全生命期的改造费用，降低租赁性质的保障性住房的维护管理费用，这样也可以减少未来住房使用过程中的经济投入。

我们可以看到，着眼于建筑行业健康发展、推动低碳经济、倡导节能减排的"精装修"住宅在未来还会有更广阔的前景和市场。

沈 源

目录
CONTENTS

第 1 章
客户需求如何指导室内设计

1.1 不同类型的客户对室内装修的需求差异

探究客户的真实需求，首先要关注到不同客户对于需求的差异。要知道，客户的需求会随着其所处社会、生活状态的不同而发生相应的变化。特别是对批量成品住宅的室内设计来说，你提早投入设计和实施的不再是一套住房，而很可能是一次性投入上百套甚至是几千套住宅产品的设计与施工，仅仅是资金成本往往就要数以亿计。正所谓"土木工程不可妄动"，一旦装修设计格调、功能的设定与大批客户的实际需求状态不符，产生的负面影响将被千万倍放大。另外，批量成品住宅室内设计，其最重要的优势之一就是建筑室内设计一体化，室内设计前期介入，而非通常意义上的某套毛坯房交付之后再进行家庭装修设计。提早启动室内设计说说容易，但是以什么标准启动？准确的设计方向在哪里？——室内精装修设计方案需要在开始销售前就全部形成，并且和客户需求、项目条件等因素搭接得越密切越好。

比如，同样是两房或三房，针对中小户型的消费者、第一次购房置业的客户（首次购房，下文统称为首置客户），就很可能与第二次置业换房的客户（首次改善，下文统称为首改客户），在室内装修的各方面需求都有很大的区别，并且这些差别不仅仅体现在装修价格的接受程度上，其对于生活和室内设计的认知观念差异更是特别值得关注。通过大量调研及分析，我们可以看出，首置客户明显是把住房当成了自身的成就，期待着乐

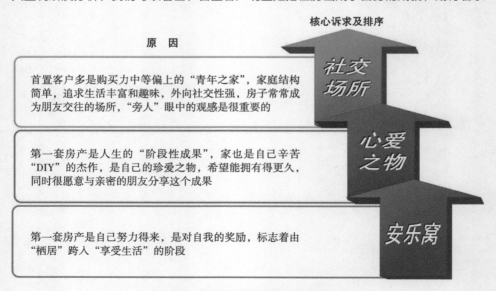

图1-1　首置类客户的装修核心价值诉求

享生活或随时与他人分享这一"成就"。

二次置业换房的客户则有了家庭生活概念，虽然房屋可能仍不是很大，但温馨恬静的归属感是客户普遍的追求，而且室内空间也多考虑到另一半的感受以及未来儿童生活的需要。

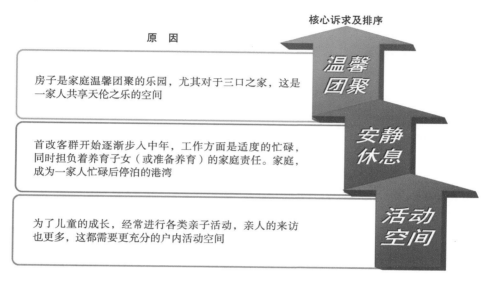

核心诉求及排序

原　因

房子是家庭温馨团聚的乐园，尤其对于三口之家，这是一家人共享天伦之乐的空间

温馨团聚

首改客群开始逐渐步入中年，工作方面是适度的忙碌，同时担负着养育子女（或准备养育）的家庭责任。家庭，成为一家人忙碌后停泊的港湾

安静休息

为了儿童的成长，经常进行各类亲子活动，亲人的来访也更多，这都需要更充分的户内活动空间

活动空间

图1-2　首改类客户的装修核心价值诉求

从对室内装修设计的认知来看，首置和首改两类客户的决策依据明显不同。首置客户装修决策往往依赖于网络、杂志、朋友或社会专家的意见，比如各类装修书籍、杂志、熟人、专家等，特别是各类销售卖场的样板场景体验、家居商城的卖场展示、亲友家里的实地参观，都会对首次购房者的装修产生较大影响。而稍有经验的二次购房置业客户，则体现得更有经验，从采购到设计更有自己的主见。因为他们的经验更依赖于平时的生活积累，同时也会部分参考专业意见，对于样板卖场体验也会有意识地批判借鉴。他们深知装修材料选购的繁琐，因此更倾向于"省心"，比如接受成套购买品牌橱柜、卫浴组合等。虽然认知渠道有差异，但经过统计，我们发现上述两类客户对于装修设计的关注点多集中在户型室内装修设计的视觉效果、主材品质、使用功能这三大要素，并且其关注程度可归纳为：<u>**视觉效果＞主材品质＞使用功能**</u>。这也在客观上证明了国内大部分客户在中小户型的室内设计中更偏好于视觉效果的体验，而对于其使用功能的认知能力和重视程度相对薄弱。

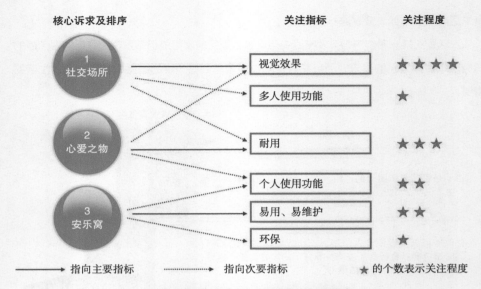

图1-3　首置客户装修关注指标统计及排序

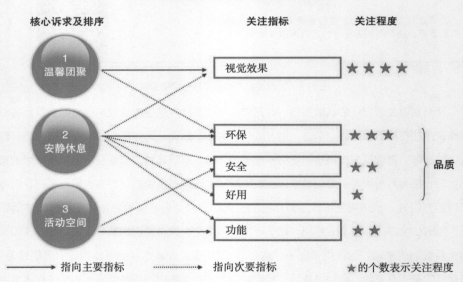

图1-4　首改客户装修关注指标统计及排序

1.1.1　不同层次客户对视觉效果需求的差异对比

1.1.1.1　首置客户对于视觉效果的需求

在调研过程中，首次置业客户在视觉体验角度有以下几个具有代表性的示例。

（1）房间虽小，但对装饰效果却有明确的主题需求——特别是电视墙，往往代表整体风格的核心

"电视墙是房间里的核心，形式和色彩要突出其整体风格，这也应该是最体现个性的点。"

（2）希望在效果上突出局部重点——比如，厨房的橱柜就是突出的亮点

"为了突出重点，厨房可以接受比较跳跃的颜色。"

（3）整体色彩希望偏于自然——多以浅色、暖色、中性色系为主

"不是要特别鲜艳的，当然也不能是很暗的。可以中性一点。"
"弄得太亮了就好像酒店似的，深色的、很亮的地砖或者墙上全是壁纸也容易像酒店。"

（4）对空间的效果要求则偏重于合理分区，注重开阔感以及层次性

"房间不大，所以空间上、视觉上要尽量延伸。"
"柜子得采用平开滑动式柜门，可以不占空间。"
"小户型之中，轻巧灵便的板材（而不是厚重的实木）柜子更能充分利用空间，不需要太关注造型和环保。"
"餐桌是一家人坐下来共享美食的地方，较低一些的吊顶造型，再加上吊灯温暖的光线能够有效营造出餐厅的氛围。"

表1-1　首置客户的视觉效果需求统计表

需求		原因	如何表现	示例
个性		好不容易买了房子，以后就会请朋友来家里玩了，或者免不了有亲戚来，装修得不说多上档次，怎么也得有点亮点	有主题	精心设置电视墙
			有重点	橱柜作为重点
			个性化装饰	·局部壁纸装饰 ·墙角圆形架
自然		因为家毕竟是温馨的地方，当然越舒适越好	色调：中性，浅色，暖色	浅黄色的墙壁
空间感	开阔感	房子不大，朋友经常过来，人多需要活动空间。希望有点层次，显得大一点	扩大视觉延伸；家具尽量矮小；规格适中的地砖和地板（800mm×800mm）	·开放式厨房 ·中间以多功能吧台连接
	区分感	区域分明，显得空间丰富	区域分明	用吊顶和灯来区分餐厅客厅

续表

需求	原因	如何表现	示例
空间感	层次感	显得立体，空间感真实	墙壁、地板、家具的颜色有层次	以装饰为主的射灯

1.1.1.2 首改客户对于视觉效果的需求

首改型客户的家庭关系正处于"相敬如宾"的默契、稳定阶段，男女主人都会更在意家装，其中男性偏爱略深的颜色，女性偏爱略浅的颜色，而偏中性的颜色则往往容易成为互相都能接受的选择。很多首次改善型客户希望装修风格温馨——追求自然的木制效果，其主要目的是能在安静的氛围中享受家居的温暖。

> "比较喜欢实木，安静一些，桌子、柜子也可以都用实木，墙和地板可以有一些亮颜色，要不然显得整体调子都太暗了也不好。"

在调研中还有一个出现频率较高的词——典雅，即使想突出局部效果，也会比较低调。

> "电视墙整面张贴壁纸，不用太突出，壁纸可以有些暗的花纹。"

此外，出于对儿童的特殊关照，首改客户会更希望儿童房、卫生间做得更加活泼、漂亮一些。

> "能否在坐便器或花洒后的墙面贴一条装饰线。墙面可以有海豚之类的动物装饰，让宝宝一看就想洗澡，很清凉的感觉。"

即使小的装饰瓷砖价格较高，客户也能接受。

表1-2 首改客户的视觉效果需求统计表

需求	原因	表现	示例
自然	与首置组希望得到朋友认同不同，首改客户更注重取悦自己与家人，忙碌之后，需要安宁的心境	追求原木的效果	·多选用木色家具 可以接受吸塑仿木效果
典雅大气	·长辈和家人会常常过来，看望孩子，家庭聚会，需要老少咸宜的环境 ·同时，偶尔有朋友来访，也能体现出一定的品味	大方低调疏朗整洁	·选用大方的中性色系 ·即使做电视墙，也要用很浅的颜色、不显眼的花纹来装饰 ·地板用宽条的，显得大气 ·橱柜也融入整体风格 ·客厅要少放东西，多留余地

续表

需求	原因	表现	示例
温暖	更多的时光是一家三口其乐融融，享受温馨幸福的天伦之乐	要有一抹亮色，保持温暖的氛围	·实木的家具比较沉静，但墙面要配亮一点的颜色 ·更多选用暖色壁纸，使墙面更柔和。 ·卫生间要活泼好看 ·吊灯营造温馨氛围

通过以上统计表单不难看出，不同状态的客户对于装修视觉效果关注的原因不同，决定了其对装修方案判断的不同。

对于年轻的首置客户来讲，房子是一个被用作好友聚会的场所，其装修在视觉上更多地希望得到朋友们的认可，因此对其视觉要求取向更偏向于欢乐的感觉，同时也就要求方案的设计简洁明快。在整体空间上，首置客户的关注点是**客厅＞卫生间＞厨房**。对于客户来讲，客厅是向来访的亲友展示自己家装风格的最重要场所，也是聚会活动时间最长的区域，是家庭装修风格的典型代表，所以既要好看又要舒服。卫生间的需求居于次席，对于工作繁忙的首置客户，晚上回来常常就"洗洗睡了"，睡前洗漱环境好些有助于放松疲惫的身心。同时，卫生间是客厅之外有可能面对外人的第二重要场所，希望朋友也用得舒服点，显得家里有档次。再往后可能是厨房。厨房的使用率较高，而且是水、气管道最集中的地方，装修材料的质量要可靠、耐用，没有安全隐患。而受关注最少的是卧室。卧室主要是休息而非活动区域，对视觉效果要求不高，装修费用相对较低。在材料的视觉观感上，首置客户通常只能关注主要材料的色调和基本规格。

对于首改客户来讲，家庭是一个重要的生活场所，对家庭领域视觉效果的关注更多是出于对自己和家人的取悦，符合家庭的喜好和品味。因此，其视觉要求取向更偏向于温馨的感觉，同时要求设计方案更加强调宁静祥和的气氛。在空间上，首改型客户的功能关注点排序与首置类客户颇有不同，他们在空间上的关注度为**客厅＞儿童房＞厨房**。虽然客厅都是室内装修的首要关注点，但首改类客户关注客厅是因为客厅是家人共聚的主要场所，这一点与首置组重视客厅的社交功能不同。儿童房是首改型客户其次关注的重点。客户通常会选择较小的一间卧室作为儿童房，给孩子温暖、安全的感觉。在这个紧凑空间内，希望带给孩子更多的快乐，赋予更多的功能。同时，首改客户家庭观念更强，与家人一起进餐是很重要的活动，餐厨空间的利用率高，因此也倍受重视。首改客户对于材料效果的覆盖面也更广，主材需要关注，洁具、五金件的造型也很在意。此外，首改客户对于装修也有更为理性的认识，比如，他们有了大致的软装体验，不似首置客户那般过分强调一次到位，会利用后期软装（绿植、壁纸等）来体现自己的个性和品位。同样，客户能意识到审美可能会阶段性地出现疲劳，不再执着于一成不变，例如，他们往往比首置客户更能接受局部使用壁纸——好处是方便更新。还有，随着功能分化的清晰，客户不再追求各居室的风格统一，而是喜欢稍有变化，比如墙面的颜色使用不同色彩的壁纸或涂料等。

1.1.2 不同层次客户对于不同的主材品质关注度不同

1.1.2.1 首置客户对于主要材料的品质需求

调研中，我们在首置客户对装修材料品质需求这一项中也发现了很多有代表性的生活需求。比如，为什么选瓷砖？主要还是考虑到招待亲友方便、耐用、好打理。

> "如果是地板的话，有客人穿鞋进去就磨坏了，如果不是很熟的朋友，总是让人家换鞋也不合适。再说，我们家来人基本上都不换鞋，直接进去，走了再打扫吧。"

而对于材料的性能认知则基本停留在初级层面，比如厚的瓷砖耐用，品牌好的意味着售后有保障。当然，也有部分客户考虑在卧室选用木地板。

> "因为这里是与爱人共享的私密空间，而且是放松休息的地方，温馨气氛需要温暖的木色。"
> "看重耐磨性，可以接受强化地板。"

材料性能上，宜打理与否也是重要因素。

> "颜色要比较禁脏的，因为卫生间的潮气大，厨房又有油烟，弄脏了就擦不掉。"
> "墙砖买光滑的，好擦，别买磨砂的那种，越滑越好。"
> "瓷砖规格太小的话，显得乱，而且规格小，缝隙多，也不好清理。"

首置客户往往对于环保缺少理解，这在涂料、板材的选择中体现得尤为明显。

> "涂料只要易打理——防水，能擦洗即可。"
> "除了广告宣传以外，也不知道有啥手段来判定材料的环保性，大概知名品牌可靠一些。"

在板材的选择上，客户多选适中品牌。

"品质不太重要——质量较好的复合板即可。"

"板材制作过程中的环保问题不易察觉，除了异味之外，也无法判断，只能随行就市地选择了。"

在设备的品质上，由于洁具对于效果的改善作用有限，首置客户的支付意愿较低，只要风格一致，整洁大方即可。客户多选择合资品牌，大部分人也可以接受国产品牌。调研中，关注较多的是马桶的贴合舒适度，特别是对于女性而言。而对于身材较魁梧的男士，马桶的大小会影响使用的舒适性。对于厨卫五金件的选择，大家普遍愿意买好的品牌。比如橱柜的滑轨选择，很多人都希望五金件既要滑动轻便、顺畅耐用，同时噪音也要小。

表1-3　首置客户的材料需求统计表

需求	原因	表现	示例
耐用	房子是自己的"成果"，而且需要和亲密的朋友们分享，希望能够经久耐用	经常招待亲友，客厅地面要耐用	客厅多用地砖，更耐磨
		能够长期使用，避免维修麻烦	·厨卫墙面、地面防水防油 ·厨卫五金件支付意愿高 ·选卧室地板时强调耐磨
易用、易维护	经常人来人往，打扫起来太麻烦受不了	好清洗	·客厅用地砖更易打理 ·厨卫墙面光滑好清洗 ·选防水油漆
环保	追求效果的同时，不能忽视人的健康	对明显可能造成污染的材料，才关注其环保性	·最关注油漆的环保性，对环保性能好的油漆品牌支付意愿高 ·关注板材的环保性

1.1.2.2　首改客户对于主要材料的品质需求

首改客户对于材料的需求有了明显的差异性变化，需求向环保、舒适体验方向靠拢。比如，当问及为什么要选木地板时，大多数人的回答是这样的：

"砖、石材可能有辐射，担心环保问题。"

"地板比砖更温馨，感觉上不太冰冷。"

"老人会陪孩子在地上玩，地板不凉，利于孩子健康。虽然地板容易弄脏，但宁愿及时清理。"

相对于首置用户，首改客户对主材的选择更多元化，范围也更宽。在材质性能上，环保与审美因素的比重也大大加重。客户往往不局限于材料闻起来无异味。

> "产品要有网上可查证的合格证书，并提供具体的污染物含量数据。"
> "其环保性能在日常交流中的口碑很重要，甚至也不排除实地检测的可能。"

同样，首改客户在审美上的选择更加多元化，要照顾到更加丰富的需求。

> "地板在颜色上要尽量多样，要能与家具搭配和谐。相对来讲，实木复合木地板价位适中，款式多样，可以作首选。"
> "砖可以考虑选有纹路的或者亚光面的。"
> "最好不要太普通，可以有一点花纹或局部装饰。"

再比如防滑、防水性能，"一定要密度高、经得起渗水试验的。"

在品牌的倾向度上，橱柜和卫浴设备也都更容易接受中高端品牌，其主要关注点也是对品质细节的考虑。

> "如果做整体橱柜肯定要冲着牌子去，好东西的五金价格在那儿呢，合页、滑轨、拉手等，其他品牌没有这些东西。"
> "有朋友家用的是便宜货，差别很大。仿制的做不出品牌的档次，质量不行。"

同样，卫生洁具也多倾向于"造型美观、节水静音、符合人体科学且有一定支撑感"的中高端产品。在具体品牌款式问题上，主人卫生间多选择有特色、造型比较大方的马桶，规格也可稍高些，客用卫生间可选同品牌但规格较低的款式。

表1-4 首改客户的材料需求统计表

需求	原因	表现	示例
环保	为了家人健康，对环保要求很高，愿意买单	·在厅、卧地面选择地板 ·对墙面主材关注环保指标	选涂料的时候，事先到实际使用涂料的房间测试甲醛含量
安全	为了家人和孩子的安全，注重使用安全性	注重对家人和儿童健康及安全的保护	·怕儿童在地上活动受凉，在客厅选择地板 ·卫生间地砖要防滑 ·选淋浴隔断时会担心玻璃隔断发生爆裂
好用	使用方便，不要太复杂，即使老人和孩子使用也没问题	便捷、实用，人性化	·为了保证橱柜五金件等细节，买品牌整体橱柜 ·选用知名品牌的洁具，尤其是主卫

由此，我们可以提炼出不同客户对于主材品质关注点的不同。

首置客户首先关注的是"耐用"——室内空间是自己生活的"成果"，也是聚会场所，使用率高。其次关注的是"易维护"。首置客户生活节奏快，追求简单便于打理。最后才是关注"环保"。比如，虽然大部分首置客户认可地板更环保，但觉得地板"不耐磨"且不好打理，为了"耐用"和"易维护"而牺牲了"环保性"。

因为对家人健康更重视，改善类客户对于室内装修首先会关注到"环保"；其次是关注安全——保护家人，尤其是老人和孩子；之后是关注"易用"，追求生活的便捷性，具体表现在使用率很高的设施上投入意愿较强，比如橱柜、洁具等。

1.1.3　不同类型客户使用功能需求的差异

1.1.3.1　首置客户的使用需求

首置客户在功能性需求中最在意个人使用情况，有时也会兼顾多人使用的情况。

> "一进门要有地方定做鞋柜，如果买的话不一定合适，要尽可能把空间结合我的需求都利用起来。"

在有限的空间里，客户也会提出尽量考虑一些多人使用的功能，比如厨房的吧台。

> "可以放很多东西，朋友来了以后做饭的做饭，看电视的看电视，互相也不隔离，吃饭的时候都不用叫。"

即便是对一些功能性较强的柜式家具的需求，也多是结合美观的体验。很多人都表示需要装饰性储物柜，但往往没有明确的置物需求。

> "柜子能起到遮蔽管道的美化作用，也比裸露的管道更便于清扫。"
> "厨房烟道肯定要包，上下对称的橱柜更好看。"
> "台面尽量用稍深颜色的人造石台，好看，易清理。"

有少量客户注意到空间的利用效率，要求柜体能多放东西，其中涉及的几个细节是：橱柜内的拉篮架——做饭的女主人很喜欢，但需要解决不易清理的问题；储米桶——防虫、方便，用过的人都会很喜欢。

对于卫生间的功能需求体现为：卫生间里不需要浴缸——因为考虑到公用，既不卫生、难清洗，又浪费水；希望做到干湿分离——可选用玻璃隔断；热水器接受燃气热水器，上水快，来了亲友也够用；而镜前灯则是为了满足使用卫生间化妆镜所需的补充光源。

表1-5 首置客户的使用需求统计表

需要	原因	表现	示例
个人使用功能	首置以青年之家为主，积累的家居用品和生活经验都相对较少，满足基本使用功能即可，对收纳、厨卫精细化没有太高要求	客厅柜类家具看重满足个性化需要	· 定制的电视柜 · 定制的玄关柜
		橱柜、浴室柜看重美观	· 橱柜要漂亮的吊柜＋地柜 · 卫生间要装饰性的浴室柜
		其他	卧室衣柜
多人使用功能	满足多人社交活动需要	多用途的桌类家具	多功能吧台

1.1.3.2 首改型客户的使用需求

首改客户对于功能的需求则更为强烈。虽然空间条件有限，但主卫生间都会有设置储物柜容纳日用品的收纳要求。虽然主卫生间内的浴缸大人使用率较低，但如果考虑儿童洗澡的需要，甚至能为小孩儿提供戏水的空间，还是会打动三口之家的。对于厨房部件的需求也更为详细，比如台面，需要品质较好的人造石，防渗油能力强，天然石的更好。操作台面希望长一点，操作空间尽量大。对于水槽，大家普遍容易接受有点造型的大容积单水槽，可少挤占台面空间。五金件要兼顾样式好看和方便耐用，首改客户多愿意选择品牌产品。

表1-6 首改客户的使用需求统计表

需求	原因	表现	示例
卫浴功能丰富、便捷	孩子室内活动多，经常需要洗浴，保证多人使用的方便性	卫浴功能丰富、便捷	· 卫生间里的浴缸作为孩子的"戏水池" · 台面上摆放的东西很多，而且都要经常使用
厨房便于操作	家里做饭频率较高	厨房便于操作	· 台面长一些，操作空间更大 · 水槽可以只有一个，但要大一点
休闲娱乐区域可能成惊喜要素	有专门的休闲区，为生活加点情趣，也更显品味	不影响生活的前提下，休闲娱乐区可能成为惊喜要素	· 阳台的多功能地台

首置类客户基于个性满足的功能需求，虽然需求较多，但也可能是模糊或不成熟的。比如，愿为效果而做过多支付，有些甚至是关注那些不太必要的东西（柜子、射灯）。而首改类客户的使用需求则是相当清晰的，并且大都基于生活的真实积累。他们愿意为品质、为便捷生活买单。因此，室内设计中完备的功能设计、精致的人性化细节往往是打动改善类客户的关键道路。

1.1.4　小结

首置客户的总体特征回顾：

① 需求特征——视觉至上，唯我独尊。为视觉效果情愿多支付（如橱柜、地砖），反之支付意愿低（如洁具）；为了打造个性而牺牲环保，贴壁纸；为了视觉效果而装不必要的东西（柜子、射灯）。

② 决策特征——八面采风，缺少主见。网友、杂志、熟人、工头、亲友众说纷纭，易受影响。整体风格不统一，受限制多，想要的也很多。

③ 行为特征——不求最好，但求质保。精打细算，虽然最后因为价格过高而接受不了最好的牌子，但因为顾虑质保的问题，也不能接受没有品牌的材料。

首改客户的总体特征回顾：

① 需求特征——均衡考虑，风格一致。虽然也很看重视觉效果，但不会走极端。并且看重视觉效果的原因，更多是为了让家人赏心悦目。强调各个空间的装修有内在的联系。

② 决策特征——自己为主，排除干扰。设计方面，会借鉴比较权威的渠道——杂志、样板间、设计师；但自己主导性强，自己当家，避免过多建议。

③ 行为特征——在关键之处，愿为品质买单。追求生活的便捷舒适，为了使用的方便、节能、降噪，橱柜和洁具方面都更愿接受中高端品牌。

从以上调研的成果中不难看出，由于客户的自身属性及生活状态不同，其对于未来居室的生活以及装修的关注重点也不尽相同。虽然客户们是日常生活的亲历者，但很多具体的生活细节需求仍需要时间和生活经历的磨炼才能不断发掘出来。正所谓好的装修设计能为你多想十年。比如，20岁的时候和30岁的时候对居住舒适的理解肯定会不一样，如果在装修过程中过于凸显个人在某一个时期的喜好，往往意味着这种装修很快就会过时。所以，精装修房经过大量市场调研，集中了很多优秀的设计智慧，其优势就显现了出来。

1.2　相同类型的客户对室内装修的需求也会有差异

趋同的人群类型对于室内装修需求也存在着细微的差异，而要想了解这样的差异对室内设计的要求有哪些影响，就需要精准研究客户群的生活习惯，获取对他们在厅房、厨卫以及其他功能空间的全方位生活习惯的认知。

曾有一些针对我国中心城市的22~29岁左右的青年购房人群生活概况展开的研究，其资料来源于大量的市场数据、社会调查公司的访谈信息。研究的关注点主要从各个角度对都市青年人群的生活状况进行描述，这些现状特征都和青年人群的购房和居住行为有着密切的联系，包括青年人群的生活方式、消费态度、行为模式等。这些研究对了解青年人群的购房行为和预测家庭消费趋势都有一定的参考意义。

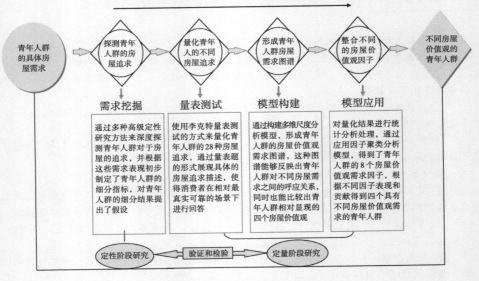

图1-5 青年人群细分研究流程图

首先，专业人员挖掘、提炼出了青年人群最常见的28个房屋需求，这些需求是其后测试青年人群房屋价值观的定量以及定性分析的基础。

青年人群的28种房屋需求：

1. 我不太喜欢把外人请到家里来
2. 我愿为提高生活舒适度和情趣的房屋空间多付钱，比如衣帽间、错层等
3. 我要尽力买到自己（和另一半）喜欢的户型，哪怕多花钱
4. 房屋是我获取成就感和社会认同的一个重要标志
5. 如果有时间，我更愿待在家里
6. 家是为朋友提供交流玩乐的重要场所
7. 在家里，我大半时间都会操持家务，这才有家庭气氛
8. 房子要考虑到父母和以后的孩子，而不只考虑自己和伴侣
9. 我只按自己（和另一半）的喜好来选房，不考虑面子和身份
10. 家里最好能请十来个人来玩都不拥挤，比如打麻将或开party
11. 房子需要在外人面前体现出气派，比如要看起来宽敞明亮
12. 我更关注户型如何让我享受生活，而不是如何被用来摆放家具
13. 家里如果有空间能专门供朋友玩，对我会有比较大的吸引力
14. 房屋不用按常规来设计，只要更好地享受生活，我就能够接受，哪怕多付钱
15. 我宁愿多花钱在储藏空间而不是增加生活情趣的房屋设计上，因为前者更实用
16. 我家不用多大，只要看起来有家庭的感觉就好
17. 房屋设计的新颖性和时尚性是我最大的购买动力

18. 朋友会经常来家，所以客厅一定要大些，哪怕卧室小点都没关系
19. 过道和走廊是我比较排斥的，这些空间对我来说就是浪费钱
20. 外人能看到的空间很重要，比如客厅、厨房、卫生间，而卧室满足睡觉就可以了
21. 每个房间只要满足普通的使用需求就可以了，我没有其他特别的需求
22. 我对市面上新出现的户型比较有购买兴趣
23. 我家的房子不太会考虑到朋友的来往
24. 户型结构也应该个性化，这是向外人展示主人个性的重要体现
25. 我更愿选择方方正正的户型，因为好摆东西，空间浪费少
26. 家里到处都有充的活动空间，我喜欢在不同的空间思考问题、放松心情
27. 如果感觉户型和周边朋友家的不太一样，我会有很大的购买动力
28. 一进门就能看见大大的客厅，通常能体现这个房屋的面积很大，很气派

　　调研详细地分析了这 28 种需求的相互关系，得到青年群体房屋需求图谱。（如图 1-6）从总体分布来看，越向左，越趋向情趣享受；越向右，越趋向简单务实；越向上，越趋向自我居家；越向下，越趋向社交玩乐。而对这 28 种住房需求进行因子模型的应用分析发现，这些购房需求可归结为 8 种价值观需求因子，分别是：自我住家、传统居家、情趣享受、局部彰显、社交玩乐、气派豪华、经济实用以及个性新颖。

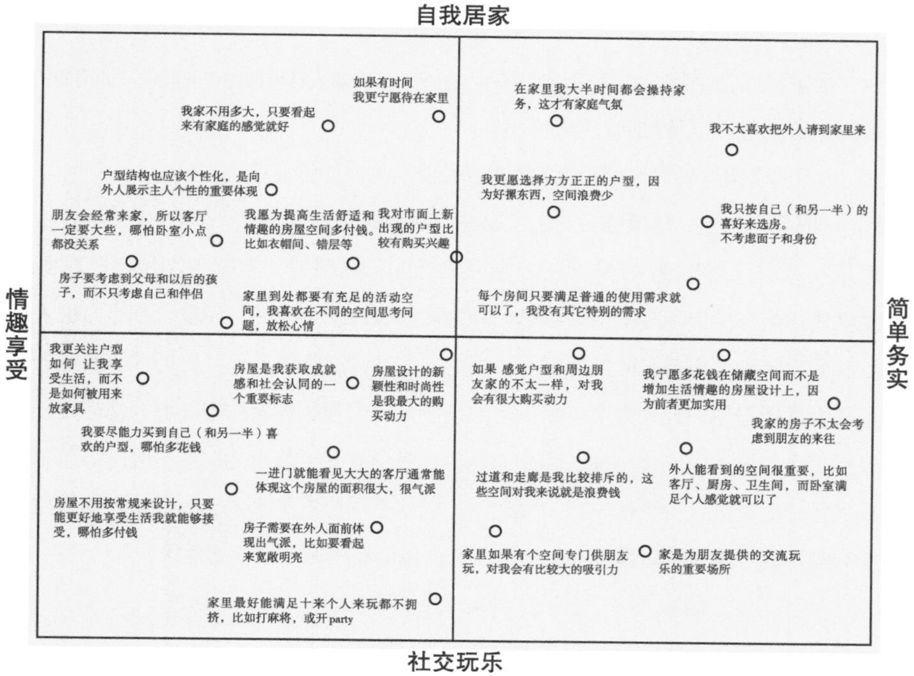

图1-6　青年人群的房屋需求图谱分布

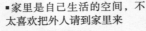
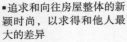

图1-7　青年人群的8个房屋价值观需求因子

这些需求因子与青年人群的购房行为有着密切的关系，对产品研发和营销策略也有着重要的意义。正是基于8个房屋价值观需求因子，我们进一步发现了具有4种不同房屋价值观的青年人群，即展示族、享受族、居家族和社交族。也就是说，通过初步的人群细分，以及对细分指标的定性挖掘，我们探测到了青年人群可能对应的四种类型的房屋价值观。

图1-8　青年人群可能存在的四种不同房屋价值观

（1）HEAVEN型，享受族——房子是独自享受的空间

家是一个自己或与妻子/丈夫充分享受生活的私密空间。把家当作是自己享受的地方。虽然偶尔会有父母亲友来访，家里也会为他们设置一个房间，但整个家是为主人而存在的。享受族特别注重自己的生活空间，相对在家待的时间也最长。他们很少会把外人请到家里来，房屋是他们最大限度享受生活的场所。他们强调房屋的趣味性、情趣性和私密性，反而不太关注房屋的实用性。因此，他们在各个房间中突出体现对主卧的需求，在这个空间的活动比其他人群更加丰富。同时，他们对于书房的需求也比较显著。这些空间需求主要来自于享受族人群对自我的生活舒适度、生活品质和情趣化的需求。

（2）NEST型，居家族——房子是供家人生活的空间

家是一个自己和家人一起过日子的地方，不需要奢侈浪费，发挥好每个空间的价值和作用即可。这个空间会接待客人，偶尔会有父母小住，还需要适当考虑未来有孩子融入生

活。居家族也不太把外人请到家里，不太愿意把钱花在彰显房屋的情趣上，他们在消费方面注重实用价值，尽管有较强的经济实力，但是更希望花在具有实际使用价值的事物上。因而，在户型内部需求方面，他们整体偏向于满足基本的使用需求，他们发生的家庭活动和可供选择的活动空间也相对其他人群更少。

（3）PLAY-YARD 型，社交族——房子是用于社交和自己生活的空间

家是与朋友经常相聚的场所。给朋友的空间要方便宽敞、有特点，给自己的空间也要温馨舒适、享受乐趣。即便是一些花哨的东西，自己有兴趣也可以要。社交族强调房屋作为玩乐空间的作用，把房屋当作朋友聚会的重要场所，同时也重视自己的玩乐空间。他们也喜欢在朋友面前表现出新颖的一面，因此带有个性设计的房屋对他们比较有吸引力。社交族对于书房也有一定需求，因为房间可以满足他们自己的玩乐。相比之下，对新事物接受程度最高的社交族感兴趣的魅力空间也最多。尽管他们愿意为新事物付出，但是他们的经济能力相对有限，因此，可考虑对他们最感兴趣的前几个魅力空间作为主要的吸引元素。

（4）SYMBOL 型，展示族——房子是体现地位的空间

家是身份的标志，是告诉亲戚朋友"我混得不错"的标志，给亲戚朋友看到的地方就要做到最好。展示室内空间是一个很重要的目标，看着就要华贵。给自己用的地方不要浪费，能用就行。展示族认为房屋是象征自己成就感和社会认同的重要标志，会关注房屋整体给自己带来的身份地位感，会经常把朋友带回家。他们不喜欢传统的家居模式，希望房子看起来更气派豪华。因此，他们对客厅的要求比较多，而且都是必要性需求，对餐厅和厨房的需求也比较多，希望外人一眼看到的空间使用起来更加宽敞，而且有一定情趣性。

1.2.1　青年细分人群的房屋需求

以上研究过程基本完成了青年人群的大致分类。那么，他们对于房屋的具体需求究竟又是怎样的呢？调研继续深入，基于四个细分青年人群对房屋的具体需求来进行比较分析研究。我们在本节中重点关注的还是青年客群对于户型室内空间及功能的需求。

> 下列图表中，重要性排序值是指各个人群对房屋空间的功能指标需求程度，排序值数据越小，即纵轴越靠下方，表示该人群对于该空间的要求越高。必要程度值是指各人群对房屋空间的必要性需求程度，该数值越高，即横轴越靠近右方，表示该空间对于该人群越不可或缺。也就是说，位于第一象限的空间对于该类人群是非常必要的，但是可能对空间的要求并不高；位于第二象限的空间对于该类人群不是必需的，也不重要；位于第三象限的空间对该人群并不是必需的，但是一旦有的话，他们的要求会非常高；位于第四象限的空间对于该人群非常必需，同时，他们对这些空间的要求也很高。

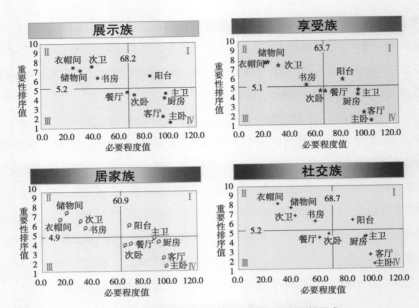

图1-9 四类青年人群的房间重要性和必要性需求

通过图表，我们可以饶有趣味地发现一些规律。比如，阳台对四个人群来说都是必要程度很高的居室空间，但是四类人群对其要求都不高。而相比之下，对居家族来说，朴实的居室生活意味着寸土寸金，因此，凡是必要的空间相对都比较重要。而对另外三个人群来讲，就没那么严谨了，比如，他们对于餐厅和次卧的需求比较灵活。

最后，还是让我们来看看这些室内空间的内部需求差异，及如何通过类比分析来得出结论。首先，我们来介绍一下类比分析所使用的分析框架：

① 概念 每个基本房间的功能指标将被定义为必要需求、弹性需求、惊喜需求和弱式需求来描述，所有指标的归类和排序都经过差值排序法、显著性检验、基本选择率的综合运算。

a.必要需求：表示客户认为如果有了此功能，才会考虑购买这个住房；

b.弹性需求：表示客户认为该需求的必要性和魅力性都比较强，部分客户会把它作为必要性指标考虑，也有部分客户会作为魅力性指标；

c.惊喜需求：表示客户认为如果有了此功能，将会给自己带来惊喜，从而提升自己的购买兴趣，但是如果没有的话，也不会影响自己的购买决策；

d.弱式需求：表示客户对于这个功能并不关注，有无此功能对他们的购买决策都几乎没有影响。

② 标识 我们通过不同的色块来表述不同概念的需求指标，从上到下依次为必要需求（蓝色色块）、弹性需求（黄色色块），惊喜需求（紫色色块）和弱式需求（灰色色块）。在必要需求、弹性需求和惊喜需求的排序中，我们以人群的弹性需求为标准，越靠上，则表示必要性越高，越靠下，则表示魅力性越强；此外，对于弱式需求色块来说，指标越靠上，则相对来说可用性也越高。

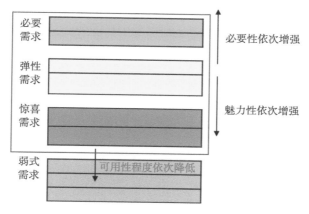

图1-10 标识定义图

根据每个人群对于该房间的不同功能需求色块，我们可以看到每个人群对该房间的具体要求及表现程度，而根据不同人群之间的色块内容以及排序的比较，我们可以看到每个功能对于各人群的需求程度，结合他们各自不同的房屋价值观需求，我们就可以得到比较合理的分析。

1.2.1.1 客厅需要满足的功能

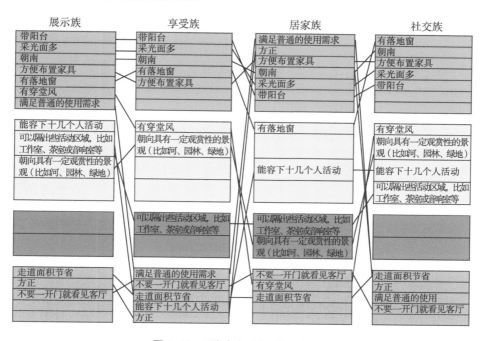

图1-11 四类客户对客厅的需求分析

通过此类比较我们看出：在必要需求中，展示族对客厅的关注程度最高，而居家族最关注客厅的实用性，社交族最看重有景观条件以及对外视野的通透性。同时，却把空间方正、面积节约和普遍满足使用等项列为弱式需求，这一点恰与享受族有几分相似。而在弹性需求中，展示族、社交族和居家族都关注客厅能够满足十几个人活动，而享受族则把该需求完全归类为弱式要素，也可以看出享受一族最关切的还是个体的家居舒适体验。

1.2.1.2 主卧室需要满足的功能

① 必要需求：享受族和居家族对主卧的必要性要求较多。享受族和社交族对于主卧的情趣功能更为关注。

② 弹性需求：有化妆空间和走动空间多是四个人群都关注的要素，但相对其他人群，这两个指标对享受族的必要性更强。

③ 弱式需求：展示族对于主卧是否有飘窗这类情趣设计不太感兴趣。

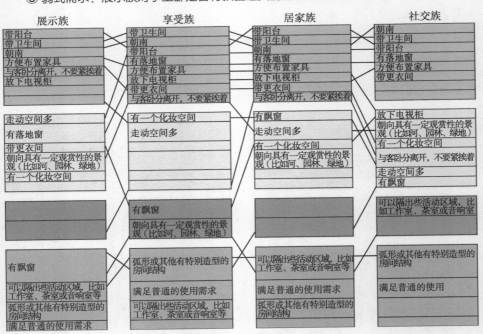

图1-12　四类客户对主卧室需求分析

1.2.1.3 厨房需要满足的功能

① 必要需求：各类人群对于良好的通风、采光，以及充分的储物都有明确需求。

② 弹性需求：对享受族、居家族和社交族来说，开放式结构的厨房是他们比较关注的要素，此外，社交族还希望厨房能够放下餐桌。

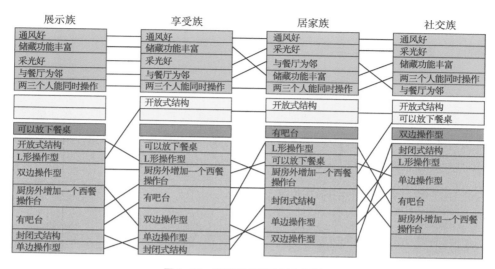

图 1-13　四类客户对厨房需求分析

③ 弱式需求：在厨房的 13 个评价指标中，半数都分散到了弱式需求中，可见青年人群对于厨房本身的认识还不够成熟，还没有形成相对固化稳定的需求模式。

1.2.1.4　卫生间（两卫户型）需要满足的功能需求

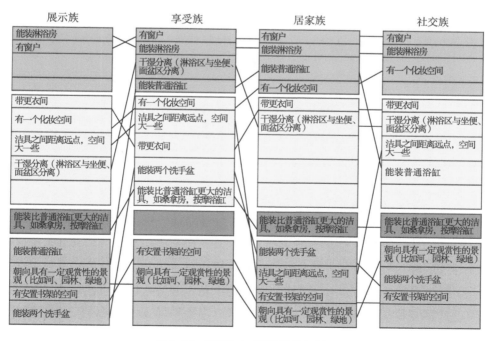

图 1-14　四类客户对卫生间需求分析

① 必要需求：展示族在必要需求上对卫生间要求较低。享受族和居家族关注能装下普通浴缸。享受族尤其关注卫生间，可见他们对主卫的需求非常高。

② 惊喜需求：能装下普通浴缸或更大的洁具对于享受族以外的人群来说是惊喜指标，而享受族干脆认为它就是必要因素。

③ 弹性需求：展示族和享受族把有一个化妆空间看成了差异需求。社交族关注是否能装大洁具，同时满足各洁具之间保持一定距离。而居家族和社交族则把化妆空间这个指标当成了他们的必要属性。

1.2.1.5 餐厅需要满足的功能需求

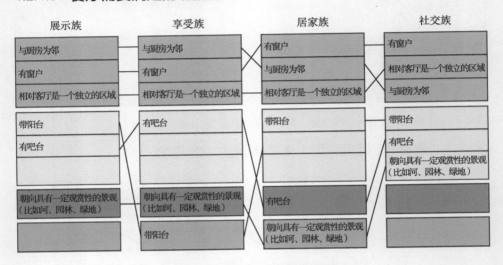

图1-15 四类客户对餐厅需求分析

必要需求：四个人群比较趋同，享受族和展示族更关注餐厅与厨房为邻，而社交族更关注餐厅要有窗户和相对于客厅的空间独立性。

1.2.2 青年细分人群的不同活动规律

最后，调研关注到的是不同人群在基本空间内的活动规律。

总体来看，青年人群对充满了丰富活动的家庭生活比较向往，在我们所列出的可能发生的主要家庭活动中，大部分被选择项发生的频率都在30%以上。在活动房间的选择方面，我们通过整合运算了每个活动发生的可能性，以及该活动在某个房间发生的可能性，罗列出了比较值得关注的房屋空间和相关发生活动的比例数据。结果表明，居家族对于各

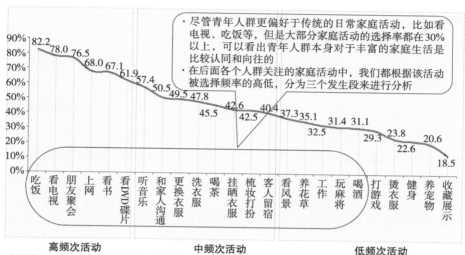

图1-16　总体人群对家庭活动的选择率

个活动的选择频率都显著低于其他人群，他们的家庭活动空间相对最少，而享受族和展示族活动最丰富。

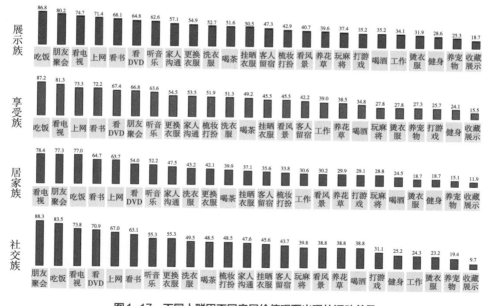

图1-17　不同人群因不同房屋价值观而出现的活动差异

四个人群所选择的高频率家庭活动，即发生频率在60%以上的活动内容非常趋同，既包括吃饭、看电视、看书这样传统的家庭活动，也有青年人群中比较常见的上网、看电影、聚会、听音乐等活动，当然，相比之下，社交族更看重朋友聚会。四个人群对中频率家庭活动，即发生频率在40%~60%的活动选择有一定的差异性。综合来看，青年人群对洗衣服和挂晒衣服这样传统的家庭活动仍有较高选择率，而同时，更换衣服、和家人沟通、喝茶、梳妆打扮以及看风景对于四个人群来说都有较大吸引力。相比之下，享受族和社交族对更换衣服和梳妆打扮更加重视，而居家族对类似的情趣性活动感兴趣程度要少一些。在青年人群发生频率相对低的活动中，选择率最低的是养宠物和收藏展示，而其他活动的排序根据不同人群的喜好有不同偏好，社交族和展示族更偏好玩牌和喝酒，享受族和居家族更偏好工作和养花草。

1.3 贴合客户需求的全装修室内设计案例解析

在探索客户需求的过程中，最核心的两个问题，首先是客户的认知度，即客户能否在一定的价格条件下接受统一交付的精装修产品；另一个就是锁定目标客户的生活方式。虽然不能提供明确的装修产品供客户赏鉴，我们仍能事先拟定客户的生活需求，判断出客户喜好什么样的居室使用方案。我们对青年人群行为活动的详细调研与信息分类归集，就可以直接为居室设计的方方面面提供参考和指导性思路。我们拿两个有价值差异的客户产品设计做一下举例。

1.3.1 满足居家族需求的全装修室内设计案例

NEST居家族不太把外人请到家里，也不愿意花钱在房屋的彰显和情趣设计上，他们看重的是房屋的使用价值和实用性。

表1-7 居家族的房屋使用需求

公共空间泛化	范围	客厅的装修
	功能	客厅是传统意义上的接待客人，家人交流和娱乐的空间
可变性		需求程度高 重点考虑父母和将来的婴儿房，这是居室的决定因素
均质化		均质化程度高，各个空间装修达到基本功能即可

居家型室内设计要点：理性，务实，强调实用、物有所值，获得可以计算的利益。生活习惯偏传统。

关键词1：可供未来使用的第二间房

关键词2：家庭集中收纳、小型家政空间

关键词3：经常使用的餐厨空间

表1-8　居家族期望的空间设计及其配置

功能空间	重要度	客户期望	选用配置
玄关	★★	分隔户内外空间，有鞋柜为佳	设置独立玄关，预留放置鞋柜空间
公共走道	★★	用于放置家庭集中收纳	控制套内面积，不设置集中走廊与收纳，使用房间独立收纳
客厅/餐厅	★★	客厅用于日常家庭活动，餐厅可满足4~6人进餐	客厅与餐厅空间结合，解决临时用餐人数增多问题
主卧	★★★	有足够的收纳空间，考虑未来儿童出生后的短暂使用	12.5m² 主卧，4m进深，预留足够收纳与婴儿床放置的空间，凸窗上补充独立收纳
次卧/书房	★★★	考虑未来的使用功能，若能同时解决为佳	均分次卧/书房空间，不追求单一房间使用面积，利用推拉门解决另一个房间未来利用的问题
卫生间	★★★	必须采光，考虑较长的使用周期，应有足够收纳，干湿分离为佳	控制面积放弃干湿分离，在盥洗区利用镜箱、盆下柜提供收纳
厨房	★★	流线合理，与餐厅联系紧密为佳	L形厨房布置，保证厨房使用
阳台	★★	承担家政空间功能，可封闭为佳	预留洗衣机位、拖把池和储藏空间，设计上考虑方便客户自行封闭
露台	★	考虑承担一定家政功能	控制单体形态，不予设置
储藏室	★★★	放置家庭物品	控制面积，不独立设置

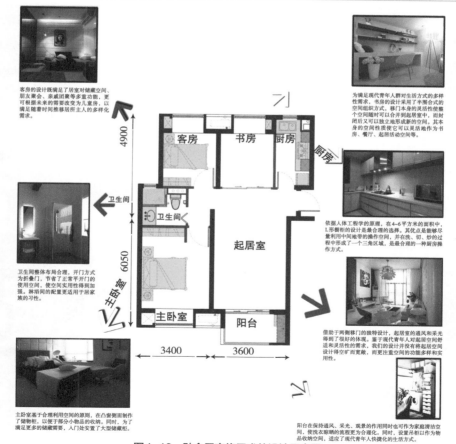

客房的设计既满足了居室对储藏空间、朋友聚会、亲戚团聚等多重功能，更可根据未来的需要改变为儿童房，以满足随着时间推移居所主人的多样化需求。

为满足现代青年人群对生活方式的多样性需求，书房的设计采用了半围合式的空间组织方式。移门本身的灵活性使整个空间随时可以合并到起居室中，而封闭后又可以独立地形成新的空间。其本身的空间性质使它可以灵活地作为书房、餐厅、起居活动空间等。

卫生间整体布局合理，开门方式为折叠门，节省了正常平开门的使用空间，使空间实用性得到加强。淋浴间的配置更适用于居家族的习性。

依据人体工程学的原理，在4~6平方米的面积中，L形橱柜的设计是最合理的选择。其优点是能够尽量利用中间地带的操作空间，并在洗、切、炒的过程中形成了一个三角区域，是最合理的一种厨房操作方式。

主卧室基于合理利用空间的原则，在凸窗侧面制作了储物柜，以便于部分小物品的收纳。同时，为了满足更多的储藏需要，入门处安置了大型储藏柜。

借助于两侧移门的独特设计，起居室的通风和采光得到了很好的体现。鉴于现代青年人对起居空间舒适感和灵活性的需求，我们的设计并没有将起居空间设计得空旷而宽敞，而更注重空间的功能多样和实用性。

阳台在保持通风、采光、观景的作用同时也可作为家庭清洁空间，使洗衣晾晒的流程更为合理化。同时，设置吊柜以作为物品收纳空间，适应了现代青年人快捷化的生活方式。

图1-18　贴合居家族需求的设计示意图

本户型专为居家族青年设计。房型整体布局在明确区分公共和私密生活区块的前提下更多地考虑了居家族生活方式的特殊性和灵活性，在主、次卧室的基础上设置了独特的第三间房。特殊的移门设计使整个起居空间的通风和采光性得到了最大加强，更大大地增加了空间的灵活性，令整个起居空间可分可合，在未来更可以充当餐厅、书房或儿童房，使整个空间的功能性变得更加多样化。

1.3.2　满足享受族需求的全装修室内设计案例

HEAVEN享受族特别注重自己的生活空间，他们很少会把外人请到家里来。房屋是他们最大限度享受生活的场所，他们不关注房屋的实用性，充满情趣的房屋设计对他们才有吸引力。

表1-9　享受族的房屋使用需求

公共空间泛化	范围	■无明显倾向
	功能	■没有实际意义的公共空间，传统的公共空间——客厅也应该是满足大家交流、兴趣爱好、休闲娱乐的地方
可变性		■需求程度一般 ■次卧比书房的功能更重要，会考虑父母与未来儿童的房间，但该空间不是房屋决定性因素
均质化		■均质化程度低，各享乐空间有独特需求

享受型室内设计要点

关键词1：混合公共空间

关键词2：大主卧

关键词3：半间房

表1-10　享受族期望的空间设计及其配置

功能空间	重要度	客户期望	选用配置
玄关	★★	分隔户内外空间，有展示空间为佳	设置玄关，玄关墙可改造为展示空间
公共走道	★★	用于分隔自用空间与公共区域	结合户型设置，分隔自用与公共区域
客厅/餐厅	★★	客厅用于日常家庭活动，餐厅可满足2~3人进餐，公共空间可混合	客厅设计与餐厅空间结合，将公共区域相对集中，与自用区域分离
主卧	★★★	结合衣帽区、卫生间（还需服务公共区域）、书房为佳，最好设置3~4m²的休憩空间	近14m²主卧，预留设置衣帽区空间，方正的主卧可以方便客户的多样使用需求
书房	★★★	目前考虑作为书房，未来考虑作为婴儿房，应该是一个醒目的"套间式"空间，也可以作为临时的留宿宿处	书房设置面积为6m²左右，在公共走道上设置一道门，需要时可与主卧形成套房式的户内空间
卫生间	★★★	必须采光，强调其享受度和舒适感，有浴缸为佳	四件套卫生间，同时配置浴缸与淋浴房，南向设计保证使用舒适度

续表

功能空间	重要度	客户期望	选用配置
厨房	★★	流线合理,与餐厅非刚性分割为佳	厨房预留非刚性分割部分,可与客厅、餐厅形成组合的混合空间
阳台	★★	与客厅关系良好,可以形成混合空间,以能摆放桌椅为佳	可与客厅形成一个整体混合空间,阳台净宽为1400mm以上,可摆放小型休闲桌椅
露台	★★★	作为户外休闲空间	控制单体形态,不予设置
储藏室	★★	放置家庭物品	控制面积,不独立设置

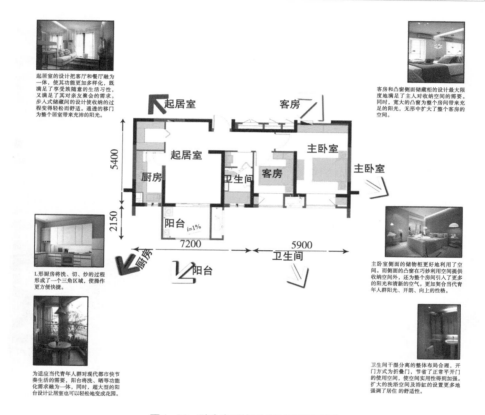

起居室的设计把客厅和餐厅融为一体,使其功能更加多样化,既满足了享受族族慵意的生活习性,又满足了其对亲友聚会的需求。步入式储藏间的设计使收纳的过程变得轻松而舒适。通透的移门为整个居室带来充沛的阳光。

客房和凸窗侧面储藏柜的设计最大限度地满足了主人对收纳空间的需要。同时,宽大的凸窗为整个房间带来充足的阳光,无形中扩大了整个客房的空间。

L形厨房将洗、切、炒的过程形成了一个三角区域,使操作更方便快捷。

主卧室侧面的储物柜更好地利用了空间。而侧面的凸窗在巧妙利用空间提供收纳空间同时,还为整个房间引入了更多的阳光和清新的空气。更加契合当代青年人群阳光、开朗、向上的性格。

为适应当代青年人群对现代都市快节奏生活的需要,阳台将洗、晒等功能化需求融为一体,同时,超大型的阳台设计让居室也可以轻松地变成花园。

卫生间干湿分离的整体布局合理,开门方式为折叠门,节省了正常平开门的使用空间,使空间实用性得到加强。扩大的洗浴空间及浴缸的设置更多地强调了居住的舒适性。

图 1-19　贴合享受族需求的设计示意图

　　本户型专为享受族青年人群设计。房型整体布局在明确区分公共和私密大体生活区块的前提下更多地考虑了享受族生活方式的舒适性和灵活性。在空间划分上,为了适应享受族,更多地强调了房型私密性。卫生间中浴缸的设置也强调了居住的舒适性。同时,将客厅和餐厅合二为一,不光使整个空间得到更合理而充分的利用,并使整个空间的功能变得更加多样化。

1.3.3 室内设计成本分配

享受类客户对装修品质要求较高，而居家类客户则强调价值体现，适宜的标准装修品质应同时满足两类户型的要求。在设计风格的选用上，享受设计类客户的价值取向必须被满足。

表1-11 同时满足两类青年族群的室内设计成本分配

大类	分项	成本分配原则	成本变化
设备	空调	采用标准的分体空调	
	热水器	使用户外型燃气热水器，减少对室内空间的影响，提高安全性	
	其他	享受型可考虑增加自平衡新风系统，采用单向流系统	↑↑
厨房	橱柜	以标准为基础，在享受型对应产品中考虑设计风格的变化	↑
	电气	采用标准配置，控制成本	↓
	顶、墙、地		
卫浴	收纳	采用标准配置	
	电气	以标准为基础，选用可选配置内的电热毛巾架，增加科技因子对年轻客户的吸引力	↑
	洁具	以标准为基础	
	顶、墙、地	采用标准配置	
厅房	收纳	采用标准配置	
	电气	以标准为基础，考虑青年群体特性，在书房和客厅增加一组插座	↑
	顶、墙、地	采用标准配置，控制成本	↓
阳台	收纳	采用标准配置，控制成本	↓
	洁具		
	顶、墙、地		
门	门扇	采用标准配置	
	锁具等五金	采用标准配置	

精细化的全装修设计与以往的装修项目最大的变化，应该是其全面系统地分析家居行为活动和解决了人在家居生活中的需求，以及更加全面地实现人性化装修细节设计。在此，引用汤姆·凯利和乔纳森·利曼特所著《创新的艺术》中的一段话："无论是艺术、科学、技术还是商业，灵感经常来源于实际行动……创意来源于看、闻、听和亲身实践。"通过对客户行为的研究，挖掘客户的潜在需求，改善客户居住体验，并将其作为精细化室内设计产品的发力点。客户需求及行为模式的研究起始点应该至少从户型设计阶段开始，这是设计创意形成的基础，还应贯穿全装修甚至后期服务整个阶段。

1.4 延伸阅读：日韩全装修设计行业现状

居住产品发展到今天，我们仅仅解决了人们的基本居住问题，而如何住得更舒适，还需要设计师、开发商做出更多努力。向先进经验学习，提升居住舒适度，为客户创造更大价值，是提升设计水平的重要举措。其实，国外精装修行业早已走向成熟，我们与其自己摸着石头过河，不如以"拿来主义"的心态，认真学习、借鉴一下相关经验。

1.4.1　韩国的人性化全装修住宅

中、韩两国的居住建筑在外观、功能上差异不大，但在管理模式和设计理念上却相差甚远。在韩国，业主买的都是全装修房，天、地、墙、厨卫都已经装修配置好，购房者只要购买家具、带行李就能入住。这一切都要得益于韩国很早就实行了广泛的住宅装修产业化，从而积累了丰富的经验和成熟的操作方式，它的核心优势在于富有人性化的精细设计和住宅材料部品的产业化。

首先，在行业分工上，韩国基本没有所谓建筑设计师和室内设计师之分。每个项目都是整体设计，全盘考虑，从规划、建筑、户型到装修，各个设计环节由一家设计单位系统完成。最终成稿的设计图纸非常详尽，从设计方案到施工图纸，每个细部都极其考究。同时，韩国精装住宅非常注重建筑设计与室内设计的专业衔接问题，将二者统筹考虑，并用法律法规的方式加以规范、保证。这样，建筑设计的预留空间、尺度等模数就有了严格的标准，完全可以避免装修过程中存在的相关模数尺寸不一的问题，为后期的配套部品标准化生产打下良好基础。

其次，与中国部分精装修住宅片面追求高端、豪华的理念不同，韩国的精装修所体现出的高品位并不是单纯靠高价格材料的堆砌和高档品牌的使用来实现的，真正的品味和档次是"妥帖"和"舒适"，即令人感动的人性化细节设计：室内功能考虑异常完善和周全，各种厅房衣柜、收纳空间、橱柜以及配套电器、用具、人性化设备等可谓应有尽有，家居生活中可能涉及的一切功能和用品，几乎都可以在各种柜子中找到归宿，各类电器设备也都隐身于各式柜中。房屋交付后，业主几乎只需带上衣物即可入住。好的大厨，其水平不是体现在如何烹饪那些昂贵的鲍鱼、鱼翅上，而是如何把青菜豆腐烧出好味道。做室内设计也是如此。譬如厨房，在韩国，精装修的厨房提供的冰箱中会有专门的"剩菜贮藏"功能，厨柜上会有视听装置，以便为主妇烹饪时提供带视频的菜谱、音讯等资料，你还会找到韩国特有的"泡菜"洗池，同时，各种实用的五金件、垃圾处理器、净水处理器等硬件更是一应俱全。在客厅，业主能够找到环绕音响所需的插线、插座，你会发现晾衣架还具有热风和红外线杀毒的功能，入户玄关地面采用的是耐磨材料以便吸尘等。

图1-20　特色洗池　　　　　　　　　　图1-21　厨房智能终端

　　再次，建筑装修多由一家施工单位进行，从而保证实施效率与施工工艺。水、电、煤等各种管道线路都是浇混凝土前预备好的，而且还预留好了各种龙头和接口，只要是生活可能用到的，房屋设计建造时都已考虑到，不需要再敲打破坏。许多工程在土建与装修的间隔工期中，每天都有保洁人员来处理电源槽口中的粉尘，一切都为装修阶段提供了便利。

　　最后，韩国相关规范中的通用部品或部件设计、生产已形成了一个通用的、标准的、成套的部件审定制度或体系。韩国很早就将发展住宅部件化作为发展住宅产业化的一个重要组成部分，有意识地加以扶持，而且已经建立了以开发通用部件为目的的"优良住宅部件审定制度"。其住宅装修工程普遍采用工厂化生产方式，住宅通用部品使用频率高，建筑材料或部品设备尽量实现可回收重复利用，既强调住宅美观，也倡导节能环保。

图1-22　玄关特色鞋架　　　　　　　　图1-23　特色鞋架外拉

1.4.2 日本的高度产业化全装修住宅

我们的近邻日本是住宅产业化的先行者，其室内设计精细化程度之高，标准之细，值得我们单独介绍。

日本的住宅产业化始于 20 世纪 60 年代，当时由于战后经济复苏，住宅需求急剧增加，熟练工人和建筑技术人员明显不足。为了提高产品质量和效率，日本决定对住宅建筑实行部品化、批量化生产，相应地，政府也明确了住宅建设工业化设想，全面推广建筑材料和构配件的工业化生产方式。这种方式使施工的现场作业逐步转移至工厂生产。到 20 世纪 70 年代，住宅精细化的装修设计、建筑节能技术进一步得到提升，日本住宅产业也逐步进入成熟期，大企业陆续联合组建集团进入住宅产业。现在，日本住宅市场上已经没有了毛坯房，其住宅设计早已不是停留在全装修房初级层面之上，而是更上一层楼，对住宅建设提出了更高的居住水平和环境水平要求，对住宅技术的要求也从单一的精细装修标准更多地延展到了防水、隔热、隔声、换气、环保、智能、安全性、耐久性等全方位的指标要求。相关标准还会根据经济发展和居民要求，大约每隔 5 年完善一次。同时，日本也是率先实现在工厂里生产住宅的国家。比如，卫浴给排水系统就是整体工业化产品的代表，其 90% 以上的管道生产和组装都在工厂完成，做完严格的防水测试后运至现场，工人只需完成接口部分的操作即可。此外，日本住宅所用材料的规格相当标准且十分透明，一般售楼处都设有展示厅，很多地区还设有成品住宅展示公园，让购房者亲自体验建材的优点。虽然其设计风格上普遍较为单一，但在细节上却是多种多样的。

图 1-24　日本成品住宅公园的标识　　　　图 1-25　日本成品住宅公园一角

有研究曾将国内市场上较为常见的户型和一般的日式格局户型作对比，这其中既有设计师的量化分析，也有根据客户需求进行的整理。实际上，更值得关注的是其背后的逻辑——以客户的使用习惯为基础，根据不同客户群体对于户型空间、功能的要求来完善设计。

图1-26 售楼处内的建材展示

图1-27 日本住宅现场标准展示

通过对日式户型和中式户型的统计比较，我们首先会发现"背离率"这个概念。中日户型往往在总面积区间、产品定位趋同的情况下，在空间的处理以及细节的标准上却差异很大，也就是所谓的"背离率"较大。日本开发商对于户型大小和特点的研究是经过对客户长期的深入调查和数据采集而确定的，并已制定了明晰的设计标准。标准中规定了非常详尽的面积尺度，设计师会严格按照设计标准和项目策划进行设计。

而在国内，虽然有部分企业已经涉及了产品设计标准，但整体上，相关国家标准、行业规范对住宅细节的尺寸规定还比较粗略。并且由于建筑设计与装修设计普遍脱节，大多数建筑师既没有明晰的标准可循，又缺乏精装修设计的实际经验，因此对于室内尺度的把握当然也就谈不上严谨。在背离率的概念指导之下，我们可以对中日户型的各功能模块进行比较分析。

（1）居室、卫浴、收纳的面积对比

表1-12 中国、日本户型面积统计对比表

		居室面积	卫浴面积	收纳面积
中国	平均值B①	54.61m²	4.61m²	3.38m²
	占建筑面积的比率	78.8%	6.7%	4.9%
日本	平均值B②	48.85m²	8.20m²	5.41m²
	占建筑面积的比例	69.3%	11.7%	7.6%
比率	②／①	0.89	1.78	1.60

经过对比，我们明显能够发现中日户型之间的面积分配差异。国内户型房间面积大，卫浴、储藏、交通空间小，这首先还是源自于客户认知和使用观念的不同。我国户型更加重视居室面积，关注厅房的宽敞、气派，而对卫浴、厨房、收纳及一些必要的功能性和过

渡性空间关注度低。而日本户型相对更加关注卫浴和收纳面积等功能空间；更加注重转角等毫厘空间的利用；更加关注细节感受，比如厨、卫、收纳等服务动线的设置，这些功能空间的位置相对集中并具备"回游性"，在适当放大空间感受的同时，使管线集中，也方便使用。比如，主妇在厨房做饭的同时又可兼顾浴缸放水。再比如，日本户型的餐厅和客厅多为一体，空间规整、开间大、开窗面积大、南向采光，感觉相当明亮开阔。

（2）居室空间尺度对比

表1-13　中国、日本户型居室短边的有效宽度统计对比表

		卧室	卧室 1	卧室 2	卧室 3
中国	最小值A	3300mm	2780mm	2400mm	2180mm
	平均值B①	3562mm	3080mm	2628mm	2180mm
日本	最小值A	2950mm	2415mm	1895mm	2215mm
	平均值B②	3185mm	2790mm	2515mm	2215mm
比率	②／①	0.89	0.91	0.96	1.02

经过统计，中国户型的居室有效宽度最小也能保证3300mm，最大一间次卧室的有效宽度最小也能保证2780mm。中国户型很多卧室还要考虑设置电视柜。而日本户型和中国户型相比，居室的宽度明显偏小，次卧室内也不考虑设置电视柜。显然，中国卧室的功能、尺寸设定要比日本奢侈。但深究其原委，这其中又有多少传统国内户型小厅大卧室格局的时代烙印呢？其实，通过我们的研究发现，对于现今的中国三口之家来说，主卧室除睡眠之外，对于起居、活动需求并没有太多。另外，随着液晶电视、电脑和网络等软硬件技术的发展，卧室面宽是否还需要考虑电视柜也确实值得商榷。

（3）玄关、走廊面积对比

表1-14　中国、日本户型玄关、走廊面积统计对比表

		玄关面积	走廊面积
中国	平均值B①	2.31m²	3.10m²
日本	平均值B②	1.97m²	4.66m²
比率	②／①	0.85	1.50

在玄关这个模块中，我们也要谈到背离率这个概念。通过调研，我们发现中国户型有无玄关的数量占比各半；而日本户型则一定会设置玄关，且功能及装饰作用非常突出。玄关作为缓冲过渡和入户收纳的必要空间，虽然占用了一部分室内面积，但却提升了厅和起

居空间的品质。此外，对于走廊的理解也颇有差异，中国户型中玄关→客厅→走廊→房间（卧室）的基本动线，与日本户型中玄关→走廊→客厅的基本室内动线的设置也不尽相同。

日本较中国户型交通空间占比大，并且设计更习惯用走廊来分隔、连接私密（卧室）和公共（客厅）空间，这也显示其更重视家庭成员个体私密性的特点。

图1-28　玄关标高、材质变化细节

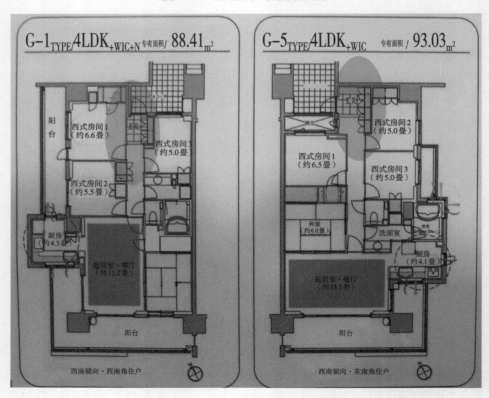

图1-29　日本户型玄关和室内空间的关系

（4）中日厨房对比

① 厨房的面积

表1-15　中国、日本户型厨房面积统计对比表

		厨房面积
中国	平均值B①	6.60m²
		4.1畳
	背离率A	56%
	背离率B	34%
日本	平均值B②	6.09m²
		3.8畳
	背离率A	30%
	背离率B	16%
比例	②／①	0.92

② 厨房形状

表1-16　中国、日本户型厨房内部尺度统计对比表

		有效长度
中国	平均值B①	3320mm
	背离率A	52%
	背离率B	32%
日本	平均值B②	2567mm
	背离率A	69%
	背离率B	8%
比例	②／①	0.77

图1-30　日本的整体厨房

　　厨房模块中，我们又看到了背离率，中国户型厨房的面积背离率较大，设置多有差异。日本户型的厨房虽然面积偏小，但背离率小，设置上差异也不大，且多处于居室空间的重要位置。中国户型的厨房室内空间虽大，但其室内配置，特别是在橱柜的有效长度上背离率体现得最大，设置条件五花八门，很多没有考虑设置碗柜。由于国内建筑与室内设计户型缺少明确的标准指引，特别是那些小户型的厨房，甚至无法保证基本品质和使用功能。而日本户型的厨房虽然面积空间和操作空间不大，但对于户型内部的有效操作台面和橱柜、碗柜的具体长度等细节标准都有明确的要求，并且配置齐全，人性化的细节高度符合日常生活习惯。

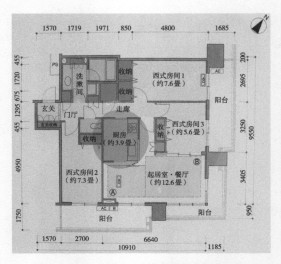

图1-31　日本户型中的厨房所在位置示意图

图1-32　水池的收纳设计

（5）中日卫浴空间对比

① 整体布局及面积比例

表1-17　中日户型卫浴面积统计对比表

		除洗衣房	含洗衣房
中国	平均值B①	4.58m²	4.61m²
	对于建筑面积的比例	6.5%	6.7%
日本	平均值B②	8.20m²	8.20m²
	对于建筑面积的比例	11.7%	11.7%
比例	②／①	1.79	1.78

通过对比，我们可以看到面积的差异是十分明显的。日本户型的卫浴面积是中国户型的约 1.8 倍，这也体现了日本户型对于卫浴空间的重视。此外，虽然具体设计和布局模式随具体户型的要求会有差异，但其中的逻辑还是很统一的。中国户型无论主卫还是次卫，厕所和浴室普遍在一起，有的能将洗面台、洗衣房区隔出来，就算作干湿分离了。而日本户型则普遍设立独立厕所，洗面台和浴室各自安置，互不干扰。

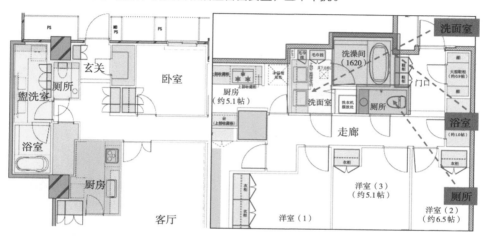

图 1-33　日本户型卫生间布局

图 1-34　洗面台

表 1-18　中日户型洗面台设置统计对比表

		有效宽度
中国	平均值 B①	885mm
	背离率 A	200%
	背离率 B	68%
日本	平均值 B②	1200mm
	背离率 A	30%
	背离率 B	0%
比例	②／①	1.36

② 中日厕所对比

日本户型的厕所普遍是独立卫生间，同时卫生间内有小型的迷你洗手盆。这样的厕所才是彻底干湿分离，提供了更为卫生的条件，使用上也较为便捷，避免了在潮湿空间中使

38

用厕所的不适。特别在小户型面积紧张的情况下，满足了多人同时盥洗或如厕的使用，大大丰富了功能层次。同时，坐便器的选择也多是带加热、烘干、自动清洗功能的电子智能控制产品。厕所内的清洁、换气、除臭等性能也进一步得到加强。

中国户型中，洗面台的空间处理也是差异颇大，其背离率主要体现在有效宽度上。独立洗面台空间也是日本室内空间设计的精华之一。一定长度的洗面台兼具化妆台等多样功能，周边配备毛巾柜和化妆柜等充足的收纳空间，同时兼做便利的洗衣间，并预留好成品的上下水条件。

图1-35 日本户型中的迷你卫生间　图1-36 节约空间的小型洗手池

图1-37 日本户型独立洗衣机位设置

③ 中日浴室对比

表1-19　中日户型浴室面积统计对比表

		浴室面积
中国	平均值B①	1.32m²
	背离率A	123%
	背离率B	20%
日本	平均值B②	3.21m²
	背离率A	9%
	背离率B	4%
比例	②／①	2.43

图1-38 日本的整体卫浴

图1-39　日本住宅中的精致地漏

　　日本户型虽然是以单卫为主，但由于洗面台与浴室空间分离，厕所也相对独立，因此每个空间都很紧凑，面积利用率很高，舒适度和功能性都得到了充分的满足。其独立浴室多由浴缸和所谓"洗场"的淋浴设备组成，面积大，且功能独立。浴室除了具备换气、干燥功能，浴缸要有气泡、喷雾功能，泡澡时还能看电视等等条件都要满足外，现在甚至更加追求时尚、科技感。此外，分离式卫生间内只有浴室设地漏，地漏也十分讲究，覆盖着类似地面材料的封板，保证美观的同时，还能堵截浴室最易造成堵塞的头发，也容易取出清洗。

　　（6）中日户型中收纳设计的对比

　　① 收纳场所的设置

　　在目前常见的国内户型中，普遍只设置公共储物和卧室壁橱，有的户型这两项甚至都没有。日本户型设计中则根据客户的使用需求和需要收纳的东西，详细地设置收纳功能，并且已经形成了完善的设计标准。

表1-20　中日户型收纳配置统计对比表

	中国	日本
鞋柜	×	◎
公共储物	◎	◎
推拉式壁橱	×	×
步入式衣橱	×	○
卧室壁橱	◎	○
餐具收纳柜	×	○
杂物库	×	◎

注：× 未配置　○ 可选配置　◎ 必要配置

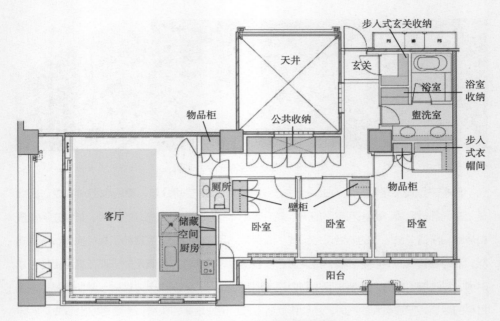

图1-40　日本户型丰富的收纳配置

　　标准化的收纳位置设计得是否合理详尽，直接体现在收纳面积指标上。中国户型的收纳面积比例最大为6.0%，平均不到5%。而日本户型中收纳面积比例最少也有7.0%，平均可达7.6%。相同的户型面积区间，其收纳面积之多和收纳比例之高可达中国户型的1.5倍以上。充足的储藏空间能有效减轻家务负担，保证室内环境的整洁。轻松的收纳取物，本身也是住宅室内舒适度的一个重要指标。

图1-41　充足的收纳空间

图1-42 精细的收纳空间

② 收纳面积合计

表1-21 中日户型收纳面积统计对比表

		收纳面积	对于建筑面积比
中国	最大值A	4.13m²	6.0%
	最小值A	2.79m²	3.8%
	平均值B①	3.38m²	4.9%
	背离率A	48%	58%
	背离率B	38%	37%
日本	最大值A	6.23m²	8.9%
	最小值A	4.75m²	7.0%
	平均值B②	5.41m²	7.6%
	背离率A	31%	27%
	背离率B	27%	19%
比例②／①		1.60	1.56

让我们再回顾一下日本户型的主要设计标准：

a. 玄关：设置入户收纳空间、鞋柜等。

b. 走廊：为了尽量确保居室的独立性而强化走廊空间。

c. 客厅：尽量做成规整空间，根据生活需求，合理控制面积。

d. 卧室：主卧设置大床、次卧室设置单人床和书桌，可不考虑起居功能。

e. 厨房：要保证有完整操作台的厨房，设置充分的橱柜、冰箱空间。

f. 洗面室：设脱衣室、化妆间、收纳等功能，洗衣机也可放在洗面室空间之内 。

g. 厕所：可考虑独立三分离式，卫生间的动线原则上要可以从走廊进出。

h. 浴室："淋浴＋深型浴缸"设置。

i. 收纳：原则上，玄关（鞋柜）、起居室、走廊（或客厅）、洗面室各保证设置一个收纳区。在以上内容基础上尽量增加设置大型收纳（步入式衣柜、鞋柜、壁橱）等。

　　当然，日本户型存在优越性的基础，都是卓有成效的调研工作。这些优中取优的设计方案绝大多数都能替客户考虑得更长久、更实用，不光材料的选择和搭配上性价比更高，而且在细节的设计和需求的满足上也更人性化。客户调研可以及时了解客户的居住生活习惯和不断更新的需求，以及对理想的住宅装修的希望，为精确的住宅室内装修设计提供有力的依据。客户调研可以系统地认知、总结现有装修产品的优缺点，学习先进经验，并且进行定性、定量分析，从而了解专业技术发展趋势，指导未来住宅装修设计工作。而对于设计师，特别是那些充满想象力但尚缺乏生活经验的设计师，客户调研可以帮助他们及时了解客户对于方案的反馈，防止片面追求局部效果的创作，使设计贴近生活。

第 2 章
室内设计如何满足客户需求

2.1 客户需求与设计语言之间的转换

通过大量的实际调研和设计工作我们发现，客户对住宅室内设计的认识并不成熟，特别是当这些认知遇到具体的空间、成本、材料、设备等一系列问题的时候，就更不大清楚如何才能让功能、效果、成本之间形成最佳匹配。由于客户对装修最终成果的判断依据是

表2-1　客户行为—设计需求对应转换表

行为类型		行为举例	行为特点、需求
家庭行为	收纳行为	收纳衣物、清洁用品、厨房用品、家庭工具等	有比较单纯的收纳行为，如文件的存放等，也有因为其他家庭行为需求带来的收纳行为
	家政行为	厨房烹饪行为，打扫卫生、洗衣、晾晒衣物等行为	·需要合理空间，如厨房大小、生活阳台配置等 ·需要家政用品的收纳 ·需要保证在做家政行为时的便利、舒适，如点位设置合理等
	礼仪行为	梳妆、更衣、入户及出门时的行为	·需要满足一定量的收纳，如洁净、次洁净衣物的收纳 ·需要人性化关怀，如门口设穿衣镜等
	休闲娱乐行为	看电视、上网、家庭聚会、健身等行为	·休闲娱乐行为的舒适便利性，如点位设置合理 ·适当考虑健身用品等的收纳
	个人清洁行为	个人的洗漱、如厕、沐浴等行为	·需要合理空间，如卫生间、淋浴屏、马桶、台盆等空间大小 ·需要洗漱、清洁用品的收纳
	工作学习行为	看书、使用电脑等行为	·需要一定的收纳空间 ·需要点位设计人性化，确保工作学习行为的便利
	就寝行为		·需要床上用品的收纳 ·需要点位设计人性化，如床头灯位设计、卧室开关双控设计等
	就餐行为		·需要合理空间 ·需要细节的人性化设计，如独立餐厅设有线电视点位，预留插座方便吃火锅、放饮水机等
	这些家庭行为对功能空间、收纳需求及细节的人性化设计各有需求和侧重		
行为需求	功能空间的合理化		是精装修增值服务设计的基础，在方案阶段需要完成
	收纳功能的系统化		五大类收纳功能：服装被褥类、休闲娱乐类、清洁用品类、餐饮烹饪类、其他生活用具、工具类
	细节设计的人性化		满足情感需求的人性化设计：如品牌需求、材质需求等
			满足物质、功能需求的人性化设计：如各种机电点位的人性化设计等

装修方案是否满足他的生活习惯、功能需求、预期效果，专业设计师可以通过对客户行为方式的调研，整合客户对各个功能空间、生活元素的需求，确定基本分类排序，最终制定出更满足客户生活需要的产品标准。同时，在设计阶段，设计师通过对客户各项生活指标进行拆分，再根据精装修的专业知识进行精细设计，得出的方案往往是非常有效的。

2.1.1　住宅装修中客户功能需求的统计

居室设计中，最终要完成的无疑是解决客户生活功能需求、设备材料选择、费用效果（性价比）这三个方面的矛盾。在西南区域某城市的项目实调中，生活功能需求问题反映比较集中的是厨房、卫生间以及家政服务等空间，这一点很多调研成果都给予了有效的支持。

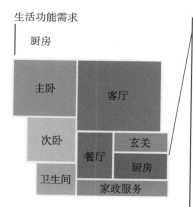

做饭习惯： 64.50% 的客户自己或配偶买菜做饭。青年单身群体中一般不在家吃饭的比例较高，小太阳群体中父母买菜做饭的比例高于其他群体。
买菜频率： 54.00% 消费者每天都会买菜；34.50% 的消费者一次最多买两三天的。各群体之间没有差异。
买菜场所： 48.00% 消费者通常在农贸市场或菜市场买菜并自己清理。各群体之间没有差异。
炒菜用油： 88.50% 消费者通常食用的是植物油。各群体之间没有差异。
菜板使用习惯及数量： 56.50% 消费者家里通常是 2~3 个菜板，生熟分开或荤素分开。各群体之间没有差异。
半成品碗碟清洗习惯： 48.00% 消费者通常是将半成品的碗碟用后放在水槽里及时洗。各群体之间没有差异。
碗碟清洗习惯： 40.50% 消费者通常是将碗碟洗完擦干后放入碗柜。仅有 34.50% 的消费者有使用消毒柜的习惯。各群体之间没有差异。
卫生清理： 消费者认为在厨房难以清理的是抽油烟机（45.50%）。各群体之间没有差异。

图2-1　客户的厨房使用习惯统计

我们发现，除了青年单身群体，年轻人在家做饭、吃饭频率普遍比我们预期的要高，属于高频行为，并且对于厨房的功能使用有着较详细的地域特点。例如，有 74% 的受访者强调在我国西南地区的家中厨房内要有泡菜坛的位置。同时，我们还统计出青年群体厨房所需的几个功能电器：电饭煲、微波炉、豆浆机、抽油烟机、榨汁机、电水壶等。这无疑将有效地指导厨房电器插座的设计。

生活功能需求

| 厨房

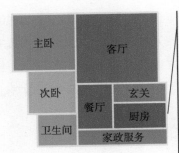

空间需求：
1. 预留放置至少一个泡菜坛的位置（74.00%的西南地区消费者认同家里至少需要1个泡菜坛；各群体之间没有差异）；洗干净的炒锅一般都放在灶台上，不需要考虑其位置（46.00%消费者通常是将洗干净的炒锅放在灶台上。各群体之间没有差异）。
2. 台面上考虑放置微波炉的位置（35.00%消费者认为微波炉最合适的放置位置是在台面上）。
3. 水槽前墙壁上预留挂钩的位置（51.00%的消费者认为应该有挂钩，放置锅铲和清洁毛巾）；或不锈钢搁架，放置清洁用品（47.5%）。
4. 橱柜内考虑放置榨汁机/豆浆机而非烤箱的位置（59.50%消费者都会经常使用榨汁机/豆浆机；68.00%消费者都不使用烤箱烤糕点）。

图2-2　客户的厨房使用功能需求统计

	居家型	社交型	享受型	展示型	Total
电饭煲	71.70%	71.00%	76.60%	73.90%	73.3%
微波炉	69.60%	74.20%	70.10%	71.70%	71.4%
豆浆机	39.10%	38.70%	45.50%	47.80%	42.78%
抽油烟机	41.30%	51.60%	39.00%	39.10%	42.75%
榨汁机	30.40%	19.40%	35.10%	26.10%	27.75%
电水壶	23.90%	25.80%	27.30%	32.60%	27.40%
消费柜	17.40%	12.90%	18.20%	8.70%	14.30%
电磁炉	0.00%	3.20%	0.00%	0.00%	0.80%
无	0.00%	0.00%	2.60%	0.00%	0.65%

图2-3　客户的橱柜储藏物品需求统计

生活功能需求

| 卫生间

功能需求：
重要基本要求： 78.50%的消费者认为卫生间重要的基本要求是整洁、易打理。消费者认为洗厕所是较为繁琐的事情（34.5%）。
配置镜柜： 56.50%的消费者认为镜柜是必需品，既增加收纳空间又美观。
配置墙柜： 56.50%的消费者认为洗漱用品合适的放置位置是洗漱台面以上镜子高度的墙柜里。
储藏空间需求：
提供洗涤/清洁用品储藏空间：81.00%的消费者赞同卫生间应该储藏洗衣粉、手纸卷、清洁用品等必备品。各群体之间无差异。

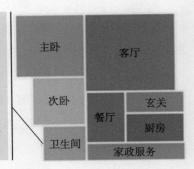

图2-4　客户对卫生间使用功能需求统计

在具体的研究中，"主卫洗衣"的频率相当高。这可能是因为青年群体家中居住人数少，在主卧衣柜存放日常衣物，在主卧更换日常衣物，在主卫洗澡时换衣服，选择将洗衣机放置主卫可随手洗涤。同时，大多被访者也提到了洗衣机旁的储藏需求。

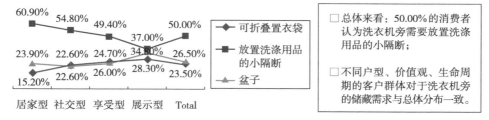

图2-5　客户对洗衣机旁收纳功能需求统计

还有一个生活功能需求的大项就是家政服务。

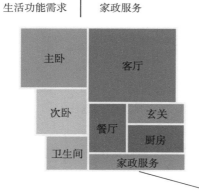

功能配置需求：
配置拖把池：65.00%消费者认为需要拖把池。
配置晾衣杆：83.50%消费者在生活阳台洗衣、晾衣，各群体之间无差异。
插座预留：提供洗衣机的插座位置，不考虑干衣机（39.00%消费者对干衣机持无所谓态度；38.00%的消费者认为不太需要。不同群体之间无差异。）
储藏空间需求：提供洗涤用品储藏空间：
不需要提供换洗衣机物储藏空间，但需要提供洗涤用品储藏空间（68.50%消费者的洗衣频率是随换随洗。83.50%消费者在生活阳台洗衣、晾衣；45.50%的消费者在生活阳台上储藏户外用品、清洁用品。各群体之间没有差异。）

图2-6　客户对家政服务功能需求统计

尽管青年被访者普遍认为家居生活中清洁地板最烦琐，但家政需求远远并非洗衣、拖地那么简单。通过调研，我们发现青年人群家居生活也有着明确的收纳需求，并且所需的内容和要求都是相当强烈的。

48

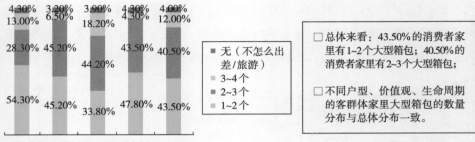

图2-7　客户对大型箱包储藏的数量需求统计

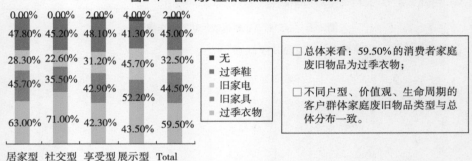

图2-8　客户对废旧物品储藏的需求统计

2.1.2　对住宅装修客户材料设备选择的统计

在材料、设备的选择上，被访者对于厨房、卫生间等设备集中区域的选择也都给出了较为明确的意见。

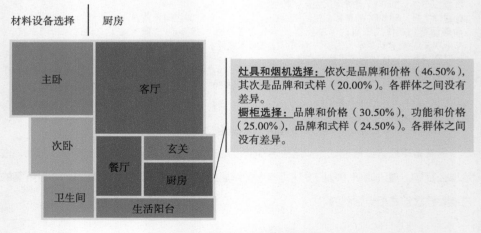

图2-9　对客户厨房设备选择的统计

2.1.3　对住宅装修客户费用效果敏感度的统计

统计表明，在实际装修中，近80%家庭都有超预算15%~30%以上的经历。调研也印证，在装修市场未形成标准化之前的阶段，只要总费用在一定总价控制范围内，适配功能、效果充分，能够有效降低客户成本感知。

材料设备选择 ｜ 卫生间

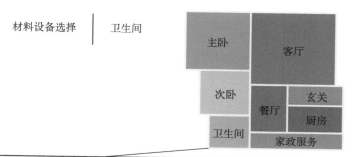

龙头/台盆选择：38.50%的消费者在选择龙头、台盆时优先考虑的是品牌和式样；35.00%的消费者考虑的是品牌和价格。各群体之间无差异。
干洗机选择：39.00%消费者对于干衣机持无所谓态度；38.00%的消费者认为不太需要。
浴霸选择：35.50%的消费者在选择浴霸时优先考虑的是耐用、排风强、品牌差不多；30.50%的消费者考虑的是品牌和价格。
淋浴屏配置必要性：51.00%的消费者认为淋浴屏是必需品，不溅水、方便打理、对防滑有好处。
马桶选择：不太关注、认为只要品牌外形好就好（41.50%），有无节水按钮（21.50%）和马桶垫有无低噪音和阻尼设置（21.00%）。各群体之间无差异。
小五金件选择：76.50%的消费者在选择五金件时优先考虑的是不生锈、结实、价格适中。
对同一品牌不同价格的看法：38.50%的消费者认为是因为材质不同；30.50%的消费者则认为是功能不同。

图2-10　对客户卫生间设备选择的统计

而被访者普遍愿意相信的事实是，开发商集中采购可以降低成本。同时，由于缺乏整体标准，单一成本项的比较对客户缺乏指导意义。因此，简单降低装修成本标准，不会是当前阶段吸引潜在客群的核心理由；而策略性地分析客户在成本压力下的选择，才有一定的指导意义。

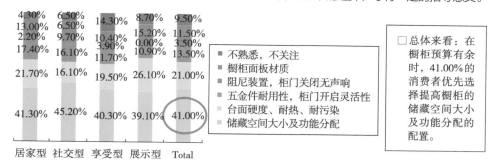

图2-11　客户对厨房费用效果敏感度分析之一——当预算有余时的行为选择

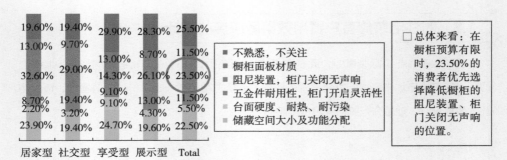

图2-12　客户对厨房费用效果敏感度分析之二——当预算有限时的行为选择

2.1.4　客户装修的核心需求排序

我们希望能在设计前期形成一份"适合家庭需要的完整家居解决方案"。其核心是无论何种装修设计，都必须建立在满足客户生活需要之上，装修是完整的、可控的、可延伸、可（后期）参与。我们也就各个空间的需求做了梳理和排序。

表2-2　客厅装修客户核心需求排序表

	核心诉求	第1排序	第2排序	第3排序	第4排序	第5排序	重视程度
客厅装修	宽敞空间、好氛围、装修完整性	舒适的尺度，方便活动	空间高度、通透	使用便利效果好	品质、风格接受度	个人爱好满足	★★★★★
	装修事项要素	家具搭配预留交通空间	吊顶设置	灯光调节方式	天地墙材质	展示品	
		电器配置预留	天地墙色彩	装修完整性	电视墙表达	植物展示	
		地面材料（防滑、耐磨）	灯光调节与吊顶	材质要求	电视墙材质	专项预留空间	
		大门使用质量	大门、墙面材质	电视墙配置	软装窗帘	/	

表2-3　厨房装修客户核心需求排序表

	核心诉求	第1排序	第2排序	第3排序	第4排序	第5排序	重视程度
厨房装修	使用方便、整洁有序、易清理	烹饪流线	储藏收纳	卫生打理方便	视觉感受	安全设施	★★★★☆
	装修事项关注要素	取菜-洗涤-净菜放置-炒菜-放置-传菜	收纳内容	油烟控制	色彩搭配	灶台位置	
			合理储藏区	洗涤方便	造型要求	插座荷载	
			灶台清理	材质要求	避免碰撞		
			垃圾存放		煤气报警		

表2-4　卫生间装修客户核心需求排序表

	核心诉求	第1排序	第2排序	第3排序	第4排序	第5排序	重视程度
卫生间装修	舒适使用、整洁有序	舒适使用	视觉感受	分级分区收纳	设备耐用性	卫生打理方便	★★★★☆
	装修事项要素	通风防潮	天地墙、灯光色彩搭配	美容、化妆	龙头、马桶五金件	洗涤方便	
		用电安全	器具造型、材质要求	盥洗、洗浴	材质防水	垃圾临时存放	
		防滑、防碎	天地墙材质要求	便溺卫生、保洁	煤气报警	马桶釉面光洁	
		卫浴设备功能	其他配件	保洁	插座设置		

表2-5　主卧室装修客户核心需求排序表

	核心诉求	第1排序	第2排序	第3排序	第4排序	第5排序	重视程度
主卧装修	适合休息、放松、私密性好	舒适尺度、温馨感受	便利实用	收纳有序	适合多元个性	其他	★★★★☆
	装修事项要素	衣柜、床、床头柜尺寸与预留间隔70厘米	灯具配置、天棚、床头灯、低夜灯	衣物存取方便	天地墙色彩	展示品	
		家具、墙地色系统一	电器开关、插座预留	衣帽间尺寸布局	考虑吊顶提升视觉高度	风水考虑	
		材质自然化、柔和化	空调插座位置孔洞预留	穿衣镜、化妆镜考虑	材质搭配	带主卫考虑防潮设施	
		玻璃隔音、织物吸音	尽量预留化妆空间	收纳强度不损害空间通透性	/	/	

表2-6　儿童房、餐厅、玄关装修客户核心需求排序表

	核心诉求	第1排序	第2排序	第3排序	第4排序	第5排序	重视程度
儿童房装修	安全、环保、色彩搭配、家具、光线	安全防护	环保	创造空间	色彩搭配	其他	
	装修事项关注	选用带有插座罩的插座	地面材质要求偏高	可擦洗、墙面漆	软装解决	辅助收纳区	
		避免棱角	电器开关、插座预留	涂鸦	/		
		避免高差	空调插座位置孔洞预留	活动空间			
		飘窗防护	尽量预留化妆空间	/	/		
餐厅装修	整洁通透、氛围亲切	整洁通透	氛围营造	易打理	少量辅助储藏	展示个人风格	★★★
	装修事项关注	确定餐桌椅布局交通便利性	灯光柔和明亮，位置预留在餐桌上方	地面与客厅一致、地砖	搁板造型	靠墙一面预留展示搁板	
		顶面素雅洁净	配置移动吊灯或矮顶射灯	墙面齐腰位置考虑使用耐磨材料	小零食柜、小酒柜位置	软装解决：植物摆放、装饰画	
		墙面色彩明亮	/	活动空间	/	/	
		地面与客厅一致	色彩配搭简洁				

续表

玄关装修	核心诉求	第1排序	第2排序	第3排序	第4排序	第5排序	重视程度
	出入户便利、易收纳打理	换鞋	出入户便利	户外用品收纳	易养护打理	辅助收纳区	
	装修事项关注	当季日常换鞋3双/人	置物台	折叠梯收纳	面板材料耐擦洗	信件、公交卡、一般发票等小物件	★★★★☆
		拖鞋2双/人	小挂钩	运动用品收纳	/	非夏季外套	
		过季鞋5双/人	镜子	雨伞、雨衣	/	旅行箱	
				家用五金工具	/	/	

通过上述研究，设计师完全可以根据客户过往的生活经历得到其家居装修需求。将客户的行为需求系统整理分析之后，就可以对应到相应的空间设计标准当中，把这些需求逐一精准转化成装修方案，并最终呈现为具体的材料、设备采购方案。而适合客户需要的家居完整解决方案，必须来自于对客户生活的了解。

2.1.5 解决客户生活需求的细节设计提案

2.1.5.1 玄关区的细节设计

通过客户调研结果发现，玄关组合柜（包括衣柜和鞋柜）、台面、换鞋凳、穿衣镜是玄关空间比较受关注的要素，95%的客户非常喜欢玄关台面的设置。通过方案深化过程中的不断实践，设计师把这些作为要素体现在方案中，并且对一些细节设计进行了提升。

（1）尽可能独立的鞋柜空间

根据客户反馈结果，有77%的客户认为应该将存衣和放鞋的空间适当分开，避免气味等干扰，同时，38%的客户认为玄关区至少应该能存放20双以上的应季鞋。在对柜子的规格研究中发现，鞋柜和衣柜所需要的深度不同，600mm深的柜体适合放置衣服、旅行箱等物品，而鞋柜的最佳深度是400mm，同时也是玄关台面和座凳舒适的尺度，因此，设计师应尽可能地做出独立的鞋柜空间，结合鞋柜做台面和座凳。

（2）活动座凳

71%的客户对抽拉鞋凳的设计表示认可，不满意的客户主要是认为鞋凳太重，不便抽拉。根据客户的这个反馈，设计换鞋凳做成活动座凳，两边有轨道方便抽拉，受力靠下面的4个轮子。鞋凳的下面考虑存放拖鞋，故取消了柜门的设计，只用脚就能把拖鞋送进去。78%的客户对目前的活动座凳设计表示认可，不满意的主要原因是抽拉和归位不方便，通过增加两侧轨道已经解决了这个问题。座凳台面也可以与厂家探讨改为皮质软面。

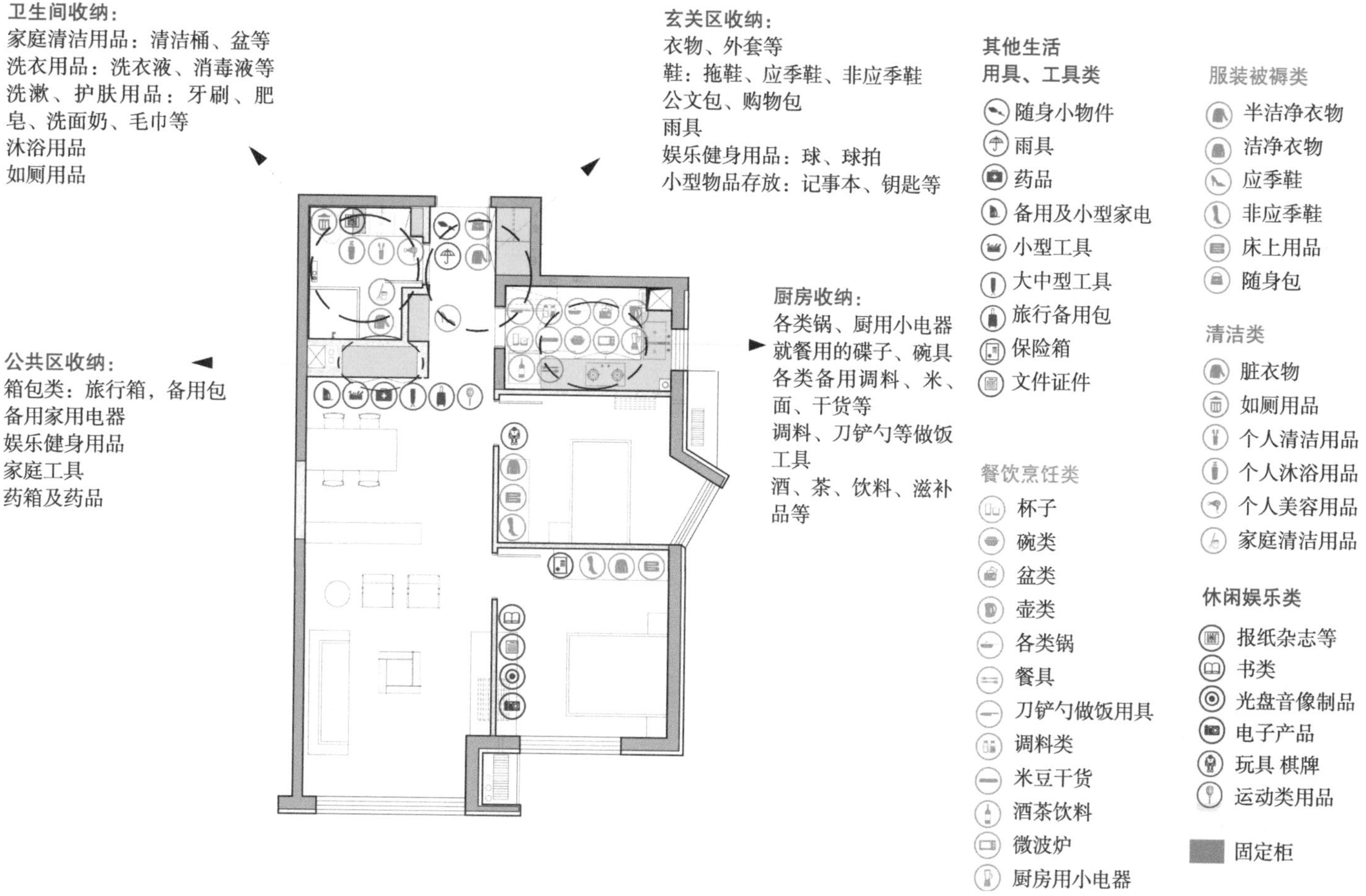

服装被褥类
🕳 羊洁净衣物
🕳 洁净衣物
🕳 应季鞋
🕳 非应季鞋
🕳 床上用品
🕳 随身包

清洁类
🕳 脏衣物
🕳 如厕用品
🕳 个人清洁用品
🕳 个人沐浴用品
🕳 个人美容用品
🕳 家庭清洁用品

休闲娱乐类
🕳 报纸杂志等
🕳 书类
🕳 光盘音像制品
🕳 电子产品
🕳 玩具棋牌
🕳 运动类用品

■ 固定柜

其他生活
用具、工具类
🕳 随身小物件
🕳 雨具
🕳 药品
🕳 备用及小型家电
🕳 小型工具
🕳 大中型工具
🕳 旅行备用包
🕳 保险箱
🕳 文件证件

餐饮烹饪类
🕳 杯子
🕳 碗类
🕳 盆类
🕳 壶类
🕳 各类锅
🕳 餐具
🕳 刀铲勺等做饭用具
🕳 调料类
🕳 米豆干货
🕳 酒茶饮料
🕳 微波炉
🕳 厨房用小电器

玄关区收纳：
衣物、外套等
鞋：拖鞋、应季鞋、非应季鞋
公文包、购物包
雨具
娱乐健身用品：球、球拍
小型物品存放：记事本、钥匙等

厨房收纳：
各类锅、厨用小电器
就餐用的碟子、碗具
各类备用调料、米、
面、干货等
调料、刀铲勺等做饭
工具
酒、茶、饮料、滋补
品等

图 2-13　根据行为需求设计的满足使用的户型举例

卫生间收纳：
家庭清洁用品：清洁桶、盆等
洗衣用品：洗衣液、消毒液等
洗漱、护肤用品：牙刷、肥
皂、洗面奶、毛巾等
沐浴用品
如厕用品

公共区收纳：
箱包类：旅行箱、备用包
备用家用电器
娱乐健身用品
家庭工具
药箱及药品

图2-14 玄关处的活动座凳

（3）收纳功能更加丰富的组合柜

玄关柜的收纳功能需要充分考虑客户的需求，其上方可考虑用来存放旅行箱等大件物品。玄关处可以设置适量户外体育用品的收纳拉篮，如收纳足球、篮球等，在玄关柜内取用比较方便。

考虑到600mm深的柜体里取用东西不太方便，采用可抽拉的五金件，设置了抽拉板；为了保证柜门的设计风格，可结合柜体设置内置穿衣镜，78%的客户表示接受这种的穿衣镜设计。

（4）机电系统设计

玄关区灯带做双控开关，在入口处最方便的位置打开玄关灯带，进入客厅时可以关掉玄关灯带，再打开客厅、餐厅灯。同时，建议在玄关柜上方设置专门的筒灯，夜间可以很舒适地拿取柜子里的东西。

2.1.5.2 储藏间的细节设计

经过客户样本分析，78%的客户希望设独立储藏间，用来存放鞋盒和各种备用的电器、礼品、体育用具、旅行箱、清洁用品、家庭工具等。

① 隔板的宽度建议做到400~450mm，不宜太深，否则内部空间不好用，可以放下中型旅行箱和绝大多数电器盒、鞋盒等。

② 隔板的高度经过研究，建议将上下部空间放大，做两层隔板。下部空间高度1300mm，可以放下大多数比较高的工具，如折叠衣架、熨衣板、高尔夫球包、清洁用品等。中间层板间距450~500mm，可以放下几乎所有的家用电器盒子。上部尽量避免又高又深的空间，方便人使用。

③ 侧边墙上设了挂钩，可以用来挂放一些购物包、长柄雨伞等。

总的来说，63%的客户对目前的储藏空间面积表示满意，尚有些客户希望能适当增加面积。

2.1.5.3 公共空间柜的细节设计

如果居室面积较小，没有足够的空间做独立储藏间，那么一组公共空间壁柜就显得非常必要了，它主要用来收纳旅行箱、家庭工具、药箱、备用电器盒等。73%的客户认为有必要设公共空间柜。

而对于公共空间柜的设计也有多种形式的探讨：

① 隔板尽量做成活动式，业主可以根据自己所要存放的东西自行调节；

② 柜体的上下部空间要放大，可以放下旅行箱，或堆放储物箱比较方便；

③ 需要有一个可以放高一点东西的地方，像熨衣板、购物包、比较高的球具等。

因此，建议做一个1450mm高的空间来放置这些东西，通常这个高度最低不应该小于1300mm。柜体内还可以做两个小抽屉，用来放一些家庭文件。

2.1.5.4　卫生间的细节设计

① 尺度控制

根据以往客户对卫生间的反馈结果，主要是觉得面积偏小，我们对各个使用功能都进行反复推敲后，总结出了比较舒适合理的尺度，如马桶空间净宽度应该不小于950mm、淋浴屏大小1000mm×1000mm，88%的客户对这个淋浴屏的空间大小表示满意。洗衣机位建议尺寸不小于750mm。整个卫生间的净使用面积5.5m²，而且方形的布置是最合理紧凑的，卫生间几乎没有浪费的无效面积。

② 洗衣机吊柜

洗衣机上方设独立的吊柜，解决消毒液、洗衣液、软化剂等存放空间问题。同时，洗衣机吊柜下设金属拉杆，用来挂放抹布，与干净毛巾的挂放位置分开。放在卫生间的洗衣机，上方设专用筒灯，用于洗衣操作的局部照明。58%的客户认为洗衣机上方的吊柜设计是非常有必要的。

③ 马桶侧边柜

结合固定家具或面盆水柜设计专用的"马桶收纳空间"，深度250mm，用于存放垃圾桶、厕纸，以及临时存放书报等。客户访谈结果表明，90%以上的人都喜欢马桶旁边的柜体设计。

④ 洗漱功能区收纳

设置镜柜用来收纳洗漱用品，比较容易形成统一标准。95%的客户对镜柜表示满意，其中77%的客户选择推拉式镜柜门。也有很多客户提及，在柜体内部应考虑收纳各种清洁盆。在下一步的完善过程中，设计师应尽量在水柜内再增加抽屉。

⑤ 灯具控制

建议改变过去习惯上卫生间只设一个主灯的做法，而是在每个功能区分别设置专用光源。79%的客户对卫生间灯具的设置及独立控制表示满意。

图2-15　洗衣机吊柜　　　　　　　　图2-16　马桶侧边柜

2.1.5.5　厨房的细节设计

　　厨房的设计是最能体现人性化亮点的地方，包括五金件、拉杆、吊柜补充光源等等。下面，就让我们重点看一下厨房在设计深化中的细节。

　　① 对开门冰箱位

　　设计师考虑到不同的户型要求，对于3居室及以上户型需要预留对开门冰箱位。77%的客户认为有必要预留对开门冰箱位。

　　② 活动柜体

　　考虑到对开门冰箱的预留空间要求比较大（1000mm×850mm），而客户将来如果使用单向开门冰箱，则会与橱柜间有一定距离，因此，可以设计活动柜作为台面及柜体的延伸，客户可以根据自己将要配备的冰箱情况进行选配。同时，活动柜还可

图2-17　对开门冰箱位

灵活地作为烹饪或就餐时的备餐柜使用。

③ 电器控制

厨房内所有电器、设备点位都需要进行位置和高度合理化设计。例如，冰箱插座位置以往设计得比较低，而且是经常放在冰箱的正后方，人根本无法使用。现在不妨放在冰箱后靠近台面一侧的位置，高度为1300mm，人很方便插拔。

厨房操作台面上需要充分考虑厨用电器的使用方便性，根据布置情况设3~4个5孔带开关插座，业主在不用拔掉电器插头的情况下，可以轻松关掉电源。在厨房的水柜下侧预留插座点位，以便业主将来安装厨宝、净水器或其他小电器。有些插座还可以通过插孔的开闭来避免油烟污染问题。几乎所有的客户对带开关的插座表示认可。

图2-18 预留插座

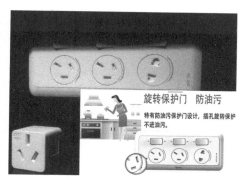

图2-19 特色插孔，垂直时插入，45°时封闭

④ 洗菜池

台盆设加宽单盆、不锈钢沥水篮，同时设一个用于存放洗碗用品的小不锈钢筐。同时设可以抽拉的水龙头。83%的客户对厨房的大单盆表示认可。

⑤ 微波炉位置

57%的客户接受微波炉与吊柜结合的形式，另有30%的受访者认为高度应该适当降低。

2.1.5.6 客厅的细节设计需求

客厅灯双控，从玄关进来打开客厅灯光，在进主卧室的时候将客厅的灯关掉。

客厅、主卧室电视墙面点位的设计中，考虑到有线电视机顶盒、DVD机均为2孔插座，因此，除了设常规的5孔插座外，还可以在客厅增设2个4孔插座。

2.1.5.7 封闭式阳台的细节设计

根据客户调研结果，多数客户都需要阳台空间。因为北方家庭一般都会将阳台封闭，许多客户将阳台封闭后还会将内侧的隔墙和门窗拆掉，考虑到这种情况，设计方案不妨直接将客厅和阳台空间连为一体，同时也给阳台一个空间限定。多数客户还可以接受这种封闭式阳台空间的处理。

2.1.5.8 卧室的细节设计需求

① 主卧室

主卧室依然可以考虑照明双控，这样主人在床上就可以将灯关掉。

主卧室的墙面上设计有电视墙面的点位布置，强弱电各自预留穿线套管，上面设盲板。

67%的客户认为主卧室面积偏小，（轴线3500mm×3800mm），这是因为在前期方案设计中没有控制好，今后需要从户型方案入手调整。精装修设计希望能针对这个比较小的卧室，研究薄型的衣柜，衣柜的厚度可以控制到450mm，尽可能把空间让给主卧室。

在对卧室衣柜的客户调研中发现，客户对裤架、抽屉、穿衣镜的选择都超过了半数，分别为73%、68%、59%，今后的衣柜设计中应该重点解决这些客户需求。

② 次卧室

调研的样板间中，设计师把次卧室作为书房来布置。户型设计中，为了让卧室有更好的采光和观景视野，方案把窗户做成了一个向东南或西南倾斜的落地窗，样板间设计时利用了这个转角空间，做成双人工作台，客户可以定制这种家具。客厅、各卧室空间均布置双孔信息插座。主卧室双控信息插座靠近内门一侧布置，方便主人在卧室内接电话；次卧室双孔信息插座靠近窗户一侧布置，在书桌上网方便。

精装修的开始应该是从前期的户型方案研究到精装、再到生产实现及后期服务的整个体系。有效的调研都是随着设计方案的深化不断延伸，调研成果又反过来指导设计方案的完善。而每个阶段的调研也是前后搭接，相互支撑的。住宅精装修虽然是本着满足客户需求的原则，但不是做个性化装修，而是要更广泛地理解共性。产品的研究源自于客户，同时也要使先进的理念引导客户需求，把产品特色做成标准化乃至产业化的东西，这也符合行业和产业发展的需求。

2.2 设计产品对客户需求的回溯

入住客户的居住体验作为成品住宅装修产品定型的重要组成部分，其工作的主旨是更加精细化地梳理目标客户群的核心诉求，通过业主的实际体验和使用反馈，识别产品设计的优化方向。

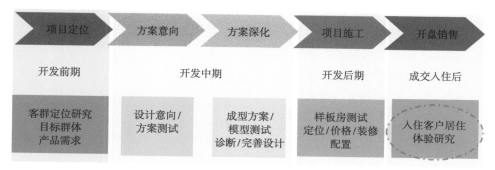

图2-20　全装修住宅产品项目开发的系统研究流程

时间：客户入住一年后
手段：入户访谈、统计反馈、提升总结
目标：通过完整、深入了解产品的使用情况，发现此时客户更加关注的产品体验以及日常生活的维护项等。设计师也就此完成对室内设计产品的认识，形成完整的闭循环

对于装修设计的复盘仍离不开客户类型的识别，下文项目以小太阳家庭（家庭以幼儿为家庭结构重心）为主力客群。他们多为二次置业，已经积累了一定的居住经验，对于生活品质的要求更高。比如，生活中经常要在家为孩子烧饭，因此会比较关注厨房的顺畅流线和充足收纳；同时，由于家中杂物增多，也会更加关注储物空间；此外，父母、保姆可能会在家中照顾孩子并短住，需要一间面积适中的客房并设置功能齐全的客用卫生间。通过以上情况，我们也很容易判断出客户对于装修的基本需求，即重视装修的实用和耐用性，拒绝奢华和噱头。然而，从装修的实际调研结果来看，尽管设计之初对客户的需求有着比较清晰的认识，但随着客户居住体验的不断丰富，仍有很多问题是在设计时被忽略的，特别是那些关于设备设施的使用、材料工艺质量、家居维护等方面的问题充分暴露了出来。

2.2.1 玄关

表2-7 玄关的客户需求及室内设计评价表

活动	房屋和装修需求		需求的满足情况
开门或关门	·开/关门方便		·未满足 (门锁使用不方便)
	·门的隔音效果好		·满足
	·门的安全性能好		·满足
进门开灯	·电灯开关顺手，在开门的方向上		·未满足 (开关设置在门的背面)
进门换鞋	·入户区域分割(脏/干净区)，可以走进门换鞋		·满足
	·空间宽敞，方便坐下来换鞋		·满足
	·脱下来的鞋可以整齐有序地摆放		·满足
进门衣物摆放	·脱下来的衣服可以整齐而方便地挂好		·满足
	·有穿衣镜，可以穿戴整齐出门		·满足

住户普遍喜欢的是既好看又气派的户门。从目前的现状调研反馈来看，户门还有一定的缺陷。由于单元门时常有人不习惯反锁，有人敲门时无法辨认来者，老年人担忧日常安全，有儿童的家庭担心孩子轻易为陌生人开门，个别家庭甚至咨询能否在楼道安装防盗门。业主虽然认可小区门禁到位，保安负责，但却不能完全替代对门的品质需要。客户需要具有多方位锁的高品质户门，并且门镜也是普遍需要的。比如，住户普遍曾向物业咨询如何安装门镜的问题，虽多被物业以防火门不便改动为由劝回，但还有很多家庭自行安装了防盗链。

图2-21 项目案例中的玄关

　　住户普遍喜欢玄关的设计，玄关和衣帽间的设置使得居家生活更加整齐。玄关柜能够满足具体的进出门更衣、换鞋需要，但也有不能收纳靴子之类鞋子的问题。设置入户的镜子，在功能上便于业主出门前整理衣妆；视觉上也能放大空间，提升住宅品质感。客户还对入口处的收纳功能提出了更细的要求，最常提及的就是放手机、钥匙、雨伞和购物袋等物件。从性能设备上，客户对灯具开关位置，网络、电源入户影响使用等问题提出了质疑。

鞋柜设计很好，进门放置鞋子的空间较为充裕，且摆放有序　｜　外衣摆放方便，大多数家庭都已经将此空间利用　｜　进门的穿衣镜设计，方便出门前整理形象　｜　瓷砖和地板的搭配，使得进门换鞋更加方便（可以进来后换鞋）

图 2-22　玄关的装修优点

门锁必须得反锁，容易忘记　｜　挂杆离顶部太近，衣架不易拿出　｜　电灯开关在门后，必须关门后才能开灯

无法摆放靴子等高帮鞋子　｜　挂杆离壁太近，有些伞挂不进去，且无法挂折叠伞，需要钩子　｜　网络入户 HUB 和电源无法很好收纳　｜　门后缺少挂钥匙的钩子

图 2-23　玄关的装修不足

2.2.2 客厅

很多客户反馈，风格庄重、有品质感的客厅背景墙是整个装修最吸引人的亮点，具体体现在：石材、玻璃镜和木框造型优美，用料考究；工艺水平高，整体和谐；在色调、材料和风格上的设计同地面、墙壁、家具等和谐一致，兼具庄重与现代感。各个年龄段的业主都不认为老气。同时，大家一致反映了几个重要的亮点，比如电源插口充足、音箱线预留、电视机附近都有网络接口，还可以做到一灯双控。但是，需要改进的是一些老人不容易弄清楚开关控制规律，最好能用标签明示，而太多的电路连线设置，对于施工要求较高，以至于入住后经常有电路维修的问题需要解决。

此外，高档材料也给客户带来一些"意外"的困扰，比如贵重的石材和娇贵的地板，容易弄脏且遇水不及时擦拭就有水印。"酒店用这样的地面是因为有专人护理"，"现在家人几乎成了地板的奴隶，不光费力，还要花钱"。清洁方面，虽然设计了墩布池但不好用，更多人只能用手拧干的柔软抹布擦拭，这样的工作量可想而知。

图2-24 改进后的开关标识，更方便使用

图2-25 "困扰"客户的高档材料

2.2.3　厨房

表2-8　厨房的客户需求及室内设计评价表

活动	装修需求	需求的满足情况
做饭	·流线顺畅	·满足
	·洗菜/碗筷方便	·满足
	·切菜台面够宽敞	·满足
	·油烟机质量好、吸力足够	·满足
	·烧菜时调料/锅铲/盘等拿取方便	·未满足
	·烧好的菜摆放方便	·满足
清洁	·台面清洗方便	·满足
	·锅灶旁的油烟清洗方便	·满足
	·清洁用品的拿取方便，且摆放美观	·未满足
	·窗户清洁方便	·未满足
储藏/摆放物品电器放置	·碗 筷刀叉等小物品存放有序	·未满足
	·锅/盆等大物品存放有序	·满足
	·米/干货的存放	·满足
	·冰箱的摆放	·未满足
	·微波炉等摆放	·满足
	·垃圾桶的摆放	·未满足
其他	·智能设备的设置	·未满足

总体而言，厨房面积宽敞，烹饪（洗/择/切/备/烧菜）的需求已经充分满足，能够达到便利而舒适的要求，特别是对于厨房烹饪的流程照顾尤其到位，并提供了足够的储藏空间，设备的品牌和功能可以保证业主对于生活品质的要求。

厨房操作流线设计合理，总体流程使用顺手　　水槽（整体式）够大；洗菜/锅更加方便　　切菜的台面够大（宽），使用方便　　油烟机的吸力合适

图2-26　厨房的装修优点之一

此外，与烹饪相关的清洁问题（油烟、台面、餐具等的清洁）和照明已经得到解决。

厨房室内装修的另一个优点就是存储、摆放设计合理，家中的干货和餐具的存放空间足够充裕、拿取方便。

灶台旁的钢板设 计好，清洗方便 　　台面防滴水设计，有 效防止水流到地板上 　　碗筷消毒方便 　　橱柜上的灯安装合 理，光线柔和明亮

图2-27　厨房的装修优点之二

米缸使用方便，且位 置合适 　　有足够放置较大的 锅盆的地方 　　有足够的放置干货 的场所

图2-28　厨房的装修优点之三

入住客户对使用一年有余的厨房普遍表示操作非常顺手，对设计基本满意。其意见主要体现在：

视觉效果美观，比如冰箱内嵌、不锈钢灶台背板和操作台面都美观大方，充分考虑到现代家庭厨房电器潮流需求；

功能电位预留充足，电饭煲、微波炉是各种家庭频繁使用的经典两大件，分别常占一个电位，其他如榨汁机、豆浆机、小烤箱、咖啡壶这些偶尔使用的电器拿出来也都能找到合适电源；

设计细节人性化，水池和灶台的水龙头和垃圾过滤网使用方便，清洗水池很容易，特别是单个大水池，因为方便洗锅而被广泛接受。

缺陷的反馈主要集中在以下几个方面：

① 橱柜收纳容纳能力有限和空间分配不合理。比如，橱柜中高层的空间物品拿取不便，常常不得已要占用家里

图2-29　厨房的装修整体效果

其他空间，特别是一些干货没有足够空间整理，还有很多粮油、饮料和菜只能堆放在家政间。锅盆大件没有专门放置空间，调料架窄小，只有瘦小的瓶子才放得进去。

② 在设备配置上，烤箱空间是不太必要的，因为据统计，大部分住户知道预留的烤箱位置，但是没有使用的需要，又因为厨房缺少锅盆大件摆放空间，所以这个位置普遍用来放大件。而消毒柜则只对部分相对年轻、生活方式较现代的家庭有吸引力，大部分家庭用消毒柜作为碗柜，解决碗盘收纳的问题。同时，还得考虑如何避免儿童损坏的问题。

③ 随着整体用水环境的恶化，客户普遍对于水质量的关注度提高。而在客户普遍感觉需要安装净水器的情况下，很多都因为水池下方空间不足不得不放弃安装。

④ 缺少人性化的操作流线考虑，比如洗菜池和垃圾桶的衔接。绝大多数家庭还是习惯将垃圾桶摆放在厨房角落，方便收拾清理，橱柜系统封闭，垃圾桶放在里面产生了整体性的异味，且非常不利于保持清洁卫生。

某些部位（特别是窗户）的清洁和清洁物品（垃圾桶和洗洁精等）的摆放设置不符合业主的居住习惯

三扇窗户（中间固定，两边小窗户只能微开），擦洗困难　　垃圾桶放在内部，很难清洁，且整个橱柜有异味，无法放置其他物品　　调料不方便摆放（太窄）；也不方便拿取（拉出来）

图2-30　厨房的装修不足之一——清洗

高层橱柜物品拿取不便　　冰箱预留宽度不够，冰箱一侧门无法开足　　消毒柜按键需要童锁，防止孩子弄坏电器

图2-31　厨房的装修不足之二——储存/摆放

⑤ 还有一些设计的小细节，虽然客户普遍不介意自行解决，但还是具有普遍意义，比如，厨房门边需要粘挂钩用来挂围裙，柜子和抽屉拉手漂亮却容易在做家务时碰伤，因此自己换成更"安全的"拉手等。

2.2.4 卫生间

表2-9 卫生间的客户需求及室内设计评价表

活动	房屋和装修需求	需求的满足情况
洗脸/洗手/刷牙	·毛巾架足够（可放至少两条面巾）且位置合适	·未满足
	·擦手巾架	·满足
	·镜柜	·满足
	·放置个人护理用品/用具/电吹风等的区域	·未满足
	·台盆前方便站立，脚不会顶到柜子	·满足
如厕	·位置合适的卫生纸夹（顺手、容易抽纸）	·未满足
	·好用的坐便器（冲水快且方便）	·未满足（尤其是主卫）
储物	·放置盆的地方（储物柜/储物柜下方的空间）	·满足
清洁	·马桶刷、清洁用品等的收纳空间	·满足
沐浴	·毛巾架	·满足
	·摆放换洗衣物的架子	·未满足
	·摆放沐浴用品的架子	·未满足
	·防滑浴缸/淋浴地面	·未满足
	·浴霸保暖好	·满足
	·有两种沐浴选择（有浴缸和淋浴房）	·满足
a：盆浴（主卫）	·浴缸上有淋浴喷头	·满足
	·浴缸处需要浴帘	·未满足
	·浴缸墙上需要高一些的安全扶手	·未满足
	·浴缸底部要有一定的坡度，利于排水	·未满足
b：淋浴（客卫）	·淋浴房开门方向要合适，能方便拿到毛巾	·未满足

整体设计合理是客户一致的看法，主卫生间的各个功能空间的设置可以满足业主对于舒适生活的要求；洁具品牌选择也能满足业主对于档次和品质的要求。特别是主卫生间的淋浴间与浴缸的安装及布局，次卫生间的干湿分离都是具体的表现。同时，细节使用情况较为适当，马桶及大部分五金件的安装使用便捷。

缺陷主要体现在以下几方面：

① 五金件缺乏，两个卫生间皆缺乏必要的五金件放置物品，因此导致最常见的问题是毛巾不得不随处乱挂，有些经常会直接放置在暖气片和淋浴间的门把手上。

② 台面没能合理规划，随意堆放洗漱卫浴用品。

③ 地漏也是个突出的问题——容易反臭，部分卫生间存在下水不顺畅的情况。

④ 设备安装问题上，淋浴间内的花洒安装过高，导致很多住户，尤其是女业主很难拿到，使用不便。大多数客户对主卫生间内的固定花洒的使用较为不满，主要是不能满足日常冲脚、接水的习惯，业主普遍希望能够替换或者增加可移动花洒；同时，部分业主对于主卫生间花洒的水流调节操作一无所知，对于发散的水流不满意却不知道如何改变。

可自由移动的镜柜美观大方　　　　浴霸暖和，使用方便　　　　悬空的储物柜，洗漱
　　　　　　　　　　　　　　　　　　　　　　　　　　　　　　时不容易碰伤脚

图2-32　卫生间的装修优点

⑤ 卫生间内电话的需求不大，因为很多家庭都安装了无绳子母机，所以多数业主没有使用卫生间内的电话口。

⑥ 电位配置不太得当，客户需要更多的人性化细节，通常客户需要在卫生间内的电位上使用吹风机等用品。

⑦ 卫生间内最突出的施工质量问题还是防水。部分住户洗手间出现淋浴间向外漏水的现象。防水工程没做好，导致重新修缮、地板反碱，甚至于危及卫生间周边木地板的事件时有发生。

缺少挂洗脸面巾　　防水盖比较麻烦，　　镜柜太浅且太高，　　缺少摆放沐浴用
的毛巾架，弯钩　　不能安装夜灯　　放东西不方便　　品的架子
状毛巾架只适合　　建议换更好的插
挂擦毛巾　　　　　座、开关，不需
　　　　　　　　要加装防水盖

图2-33

非防滑浴缸，且浴缸底很   毛巾架太少   主卫坐便器冲力   毛巾架安装在坐
平，下水很慢   不够，冲不干净，   便器上方，毛巾
                                              而且按钮很费力   容易掉落进去

图2-33　卫生间的装修不足

卫生纸夹太窄小，   淋浴龙头太高，女   台盆下缺少电源插   一侧的柜门无法
无法方便抽出纸，   士一般够不到   座，无法安装暖水宝   打开，不方便放
且位置太靠后，不   置物品
方便拿取

图2-34　主卫生间的装修不足

2.2.5　卧室衣帽间

表2-10　卧室衣帽间的客户需求及室内设计评价表

活动	房屋和装修需求	需求的满足情况
换衣	·宽敞的换衣空间	·满足
	·整理仪容的镜子	·满足
存储	·分类存放衣服的空间	·基本满足
	·存放大件物品（如被子等）的空间	·满足
清洁	·易清洁	·未满足

客户都感觉衣柜设计新颖，并且与室内风格高度一致，设置得当，美观协调，确实非

自己市场上自行采购可比。缺点是使用时不够实用，主要体现在很多频繁使用的开关容易损坏，有些收纳的隔板承重构件也容易出问题。

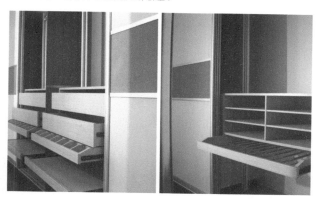

图2-35　衣帽间系统

镜门实用，既方便推拉，又方便着装时整理仪容

挂衣服的空间足够大

裤架设计体贴

图2-36　卧室衣帽间的装修优点

抽屉过宽，容易撞到移门

移门质量差，边翘起

镜门质量不好，易凸出，难关紧

缺少单独存放穿过的衣物（如睡衣等）的地方

图2-37　卧室衣帽间的装修不足

2.2.6 家政、洗衣间系统

表2-11 家政系统的客户需求及室内设计评价表

活动	房屋和装修需求	需求的满足情况
洗衣方便	·水槽足够大	·满足
	·通风	·满足
	·晾晒方便	·未满足
	·洗衣设备（如洗衣机）摆放方便	·满足
清洁用品的收纳	·清洁剂（洗衣粉/肥皂等）的储藏	·满足
	·大件清洁用具的储藏	·未满足

图2-38 家政系统装修效果

住户普遍对家政空间的设置充分认可，并正常使用，基本没有改做保姆间等情况。

水槽足够大，洗衣方便　　预留给洗衣机的空间正　　有足够空间来放置清
　　　　　　　　　　　　好合适，摆放美观　　　　洁用品

图2-39 家政空间的装修优点

在实地调研中，我们首先可以直观地接触我们的客户，这些家庭经济基础比较好的中年客户，对这类精装修设计的理解更加深刻。从反馈来看，整体满意度普遍较高，显然精细化的室内装修对客户来讲是很有吸引力的。相比年轻人群，他们有更多的生活体

验，能更加敏锐地评价设计的优劣；相比老年人群，他们也更加有能力支付房子的装修和装饰。

水槽旁的橱柜易潮湿，存储不便，建议增加防水层

洗衣机的龙头和插座位置影响美观，建议移至洗衣机后的隐蔽处

设计之初预留的熨衣板放置空间不够，只能另行存储

大件的清洁用具摆放困难

图2-40　家政空间的装修不足

而我们的目标就是要找到各个阶段客户需求的逻辑，从中掌握客户需求并转化为产品解读及确定方案的办法，最终在室内设计领域有效避免产品定位的偏差，提升设计水平，更好地掌握并满足客户需求，完整地实现从客户中来，再到客户中去的闭循环。通过入户回访，设计师能更加完整地体会到装修设计与客户需求之间实践体验的重要性，也完成了从初期方案到家居生活实用性的观察，更深刻地体验到设计的缺陷和不足，从而在处理不同方案时把握住轻重缓急。

2.3　产品设计适度考虑客户生活需求的变化

随着时间的推移，客户对于室内空间的需求也在发生改变，这其中最大的改变就是换房。当首次置业客户准备变成三口之家，往往就会选择"大二房"或"小三房"，从而转为首次改善客户。大二房的次卧室一般兼作书房，有小孩后父母住，以后作为儿童房。而面对日益高企的房价，如何增加居室空间的"适应度"，就成为一个课题。我们希望首次购置的新房使用周期至少在6~8年以上。然而，矛盾的焦点在于小孩0~6岁时是否有老人来照顾，房屋是否会变成四口甚至五口之家使用。如果一旦多人入住，室内布局立刻局促不堪，客户将不得不再次面临居住问题的困扰。同时，首次改善类客户支付能力低，对总价区间十分敏感，购买房屋首要考虑的是"是否划算"问题。他们短期再换房的可能性极小，当然也就会倾向于购买空间弹性较大的户型。也就是说，那些室内面积不过多增加，而室内空间足以满足三口之家又可兼顾四口甚至五口之家使用的住宅产品，将得到更多客户青睐。这也就要求室内空间设计要尽可能地延长房屋的使用周期，延缓换房周期。

针对客户在时间和空间上的需求变化，如何巧妙地通过室内设计延长房屋的生命周期呢？这就要从两口之家变化为有小孩家庭的具体家居生活需求分析入手，特别是要关注老人和小孩在次卧室、客厅、厨房、卫生间的居家行为方式。

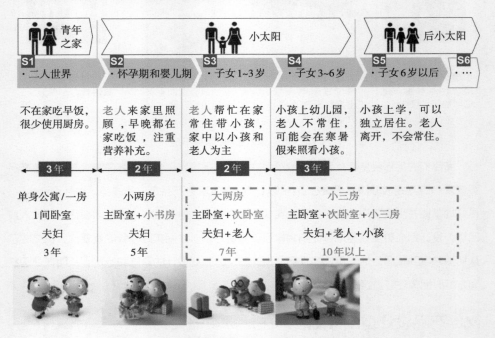

图2-41　延长特定客户换房周期，就要满足更多客户需求

通过深入实际、24小时维度的观察，我们能够发现，在家庭刚刚组成到小太阳家庭阶段，家庭生活行为是相当丰富的，其中主要是老人和小孩的活动最为突出，而夫妇双方基本都是白天上班，晚上回家休息，其行为活动变化不大。

客户行为对于室内空间的需求也随着家庭结构的变化产生差异。新婚时，主要集中于主卧室、客厅。小太阳家庭主要集中在次卧室、客厅、主卧室。新婚阶段几乎一房即可满足需求，当家从二人世界变为有小孩的时候，对次卧室、客厅等空间的要求逐步提高。其中，客厅使用最多的是老人和小孩。并且，客厅也不再是传统观念里的"晚上坐在沙发上看电视"的场所，而是充满了丰富的白天活动内容，这些内容也恰恰是我们需要关注的。

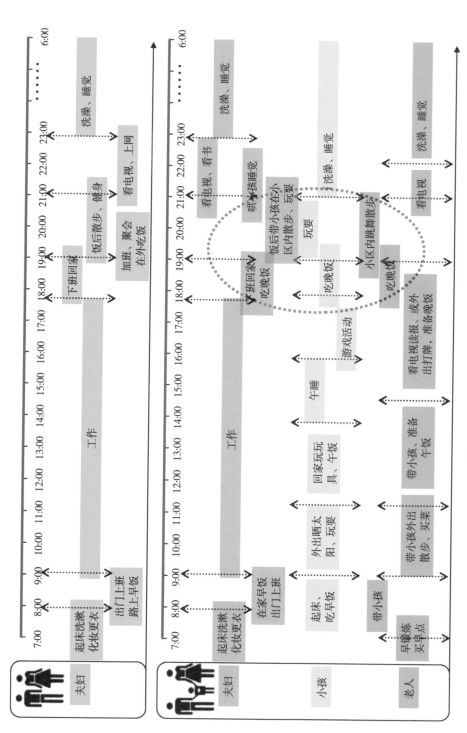

图2-42　小太阳家庭24小时行为研究

表2-12　小太阳家庭全天客厅活动列表

家庭生命周期	人物	使用时间	行为、活动
新婚期	夫妇	18：00~23：00	吃饭、看电视、上网
小小太阳 （小孩0~3岁）	老人、小孩	08：00~09：00	老人看报、小孩玩耍
	老人、小孩	11：00~14：00	小孩玩耍，老人做家务、读书
	老人	14：00~16：00	看电视、读书
	夫妇、老人、小孩	18：00~19：00	吃饭、聊天、看小孩
	夫妇、老人、小孩	20：00~21：00	小孩玩耍、聊天、休息

如果再就老人和儿童的活动进行细分，我们就会有针对性地发现很多与室内设计相关的问题，比如，客厅迫切需要解决小孩的安全性和老人使用便利性问题。

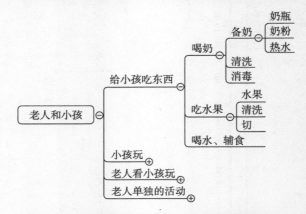

图2-43　小太阳家庭老人和小孩行为活动分析图示之一

以婴幼儿的需求为例，0~1岁的婴儿白天需要定期喝奶，而2~3岁白天要定期喝水，并且每次喝完之后相关用具必须消毒，很多家庭都会有多个奶瓶。但是给小孩喝奶的奶瓶、消毒设备如果放在厨房，存在油烟污染问题。同时，老人频繁进出厨房拿取时又不能兼顾照看小孩。所以，一种可能的解决方案就是，在客厅临近厨房处设置一个收纳的空间，既从卫生安全角度防止污染，也可以兼做餐厅的餐边柜功能；老人在给婴儿备餐的同时监控到宝宝的安全，这样也可以缩短老人的活动流线。

同样，在推敲客厅尺寸和室内功能布局时，我们也会面临小孩在客厅中活动时的需求，并充分考虑其安全性问题。通常，我们的客厅里并没有供小孩活动的区域，因此存在玩具乱放或小孩玩耍时的安全问题。而面对类似阶段的客户需求时，在室内提供一个大人视线可达的儿童活动区是绝对必要的。

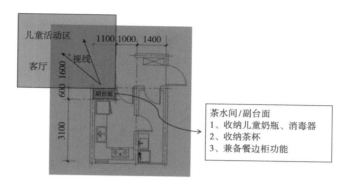

图2-44　满足老人、儿童使用的客厅解决方案

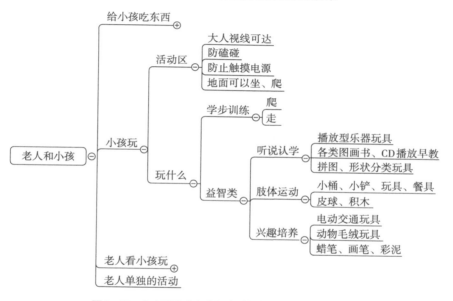

图2-45　小太阳家庭老人和小孩行为活动分析图示之二

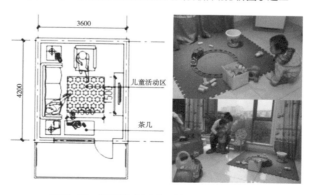

图2-46　满足儿童活动区域的客厅解决方案

在玄关空间的设计上，也要特别关注老人和小孩回家的场景。小孩成长需要每天坐婴儿车去晒太阳，老人每天要去买菜、活动、锻炼。重要的是，老人往往都是手里提着蔬菜、水果、鱼、肉，推着婴儿车进出门的，无暇换鞋，或要先放菜再换鞋，并且小车的车轮是脏的，直接进屋会弄脏地板，有时候打算先清洁又没有地方暂时存放。

因此，玄关不但需要不占用过道的换鞋凳、全身镜，需要将玄关柜的内部空间更加细致地划分，更需要充分地用设计语言还原入户各功能空间的关系，满足客户回家的动线。下面的双流线设计是非常有针对性的。

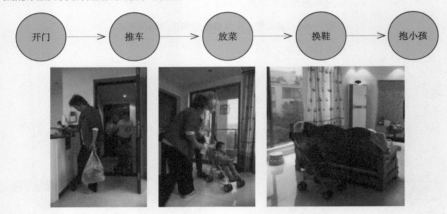

图2-47　老人推车回家行为拆分图示

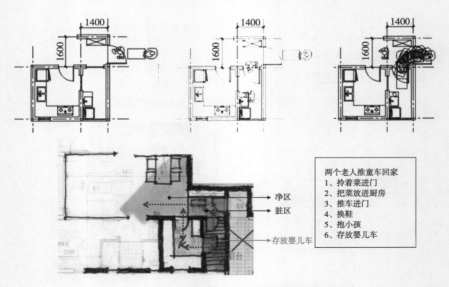

图2-48　入户玄关双流线设计方案

　　对于主卧室空间，调研也发现了客户的很多需求尚未被满足。作为家居的绝对主人，主卧室的进深尺寸往往达不到需要，很多卧室不能从容摆下两个人的当季、过季衣物和棉被等，而更缺少的是女主人的化妆空间，化妆品只能放置在卫生间，而且卫生间往往采光、通风条件较差。当然，化妆也是需要一定时间的，如果能够提供一个充分的空间，在光线良好的梳妆台前，坐着完成相关活动当然更有吸引力。

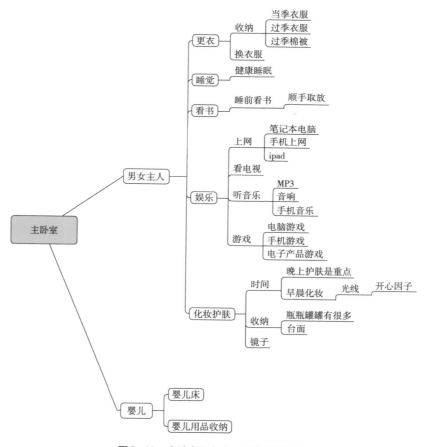

图2-49　主卧室男女主人行为分析图示

　　同时，主卧室在客户转换阶段还有一个未被注意到的需求就是儿童床。在婴儿0~2岁的阶段，很多客户在夜间会把婴儿床放在主卧室之内以方便哺乳，并且婴儿床附近还要有相当数量的婴儿用品。如果主卧室进深能够达到相应的尺寸要求，则意味着主人平时使用和婴儿床两三年间的空间使用需求都得到了满足，这样的设计能延长客户房屋的生命周期。

78

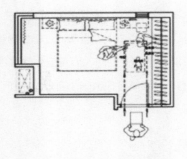
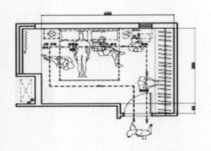

图2-50 考虑到生命周期的主卧室方案

而次卧室的使用功能和尺寸也在加入生命周期概念后得到了明确。两房的次卧室，需要容纳书房和次卧的功能，同时考虑当孩子1~3岁时老人与小孩同住。为了兼顾潜在需求，延长居室的家庭生命周期，从二人世界的书房兼客卧，到有小孩后的老人居室，再到将来的儿童房。所以，次卧要考虑放置双人床。

表2-13 小太阳家庭全天次卧室活动列表

家庭生命周期	使用时间	人物	主要活动
新婚期，1~2年	周末	夫妇	看书、上网
孕期和婴儿期，2年	07:00~08:00	老人、小孩	换衣服
小孩1~3岁，2年	14:00~16:00	小孩	小孩午睡
	21:00~07:00	老人、小孩	睡觉
小孩3~6岁，3年	21:00~07:00	小孩	学习、睡觉

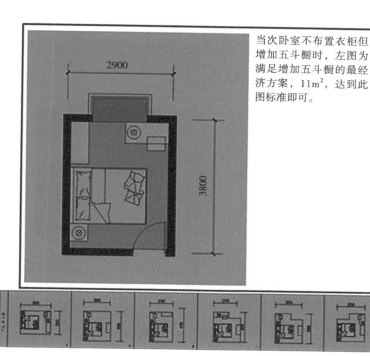

当次卧室不布置衣柜但增加五斗橱时，左图为满足增加五斗橱的最经济方案，11m²，达到此图标准即可。

图2-51　考虑到生命周期的次卧室方案

　　还有一个随着客户生活状态需求产生极大变化的就是卫生间。有小孩后，卫生间洗漱、洗澡、上厕所的功能明显有所叠加。淋浴间需要能放得下儿童澡盆，甚至要求可以容纳两个人同时给小孩洗澡。同时，卫生间会有洗小件衣物的需求，因此需要足够的空间收纳洗漱用品、护肤品、毛巾、洗涤备用品、脸盆、儿童澡盆等。而在户型整体面积区间非常有限的情况下，简单地增加卫生间的数量和面积显然也不是可行的办法。因此，功能分离的卫生间，设置儿童成长系统，提供超强的储物空间是较好的解决方案。

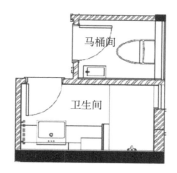

图2-52　分离式卫生间方案之一

同样的使用面积，二人世界时功能独立，使用方便。多人居住时彻底解决因临时家庭人员增多，早晚使用卫生间高峰期冲突的问题，大大提高空间利用效率。当然，这也得益于对客户功能需求的精细拆解。

图2-53 分离式卫生间方案之二

以上室内设计创意，实际上是通过对将近2万个家庭的样板调研，从中收集了数千条生活中出现的矛盾和需求，再邀请大量的专业人士进行研发，从而提出的一套比较完整的解决方案，最终成就了这个小面积、大功能、能成长的"普通人住的好房子"。因此，我们反复提及客户需求对于全装修室内设计来讲是一套系统工程，就是指其具有精细、相互关联以及延展性等特征。

第 3 章
精细化室内设计与建筑户型优化

目前，国内大部分居住类产品的设计过程，都是分建筑设计和室内设计两个阶段进行，先做建筑再做室内。建筑设计师对整体规划、经济技术指标、建筑规范、户型单体、立面外观等关键点把控，解决项目总体规划脉络问题，而针对室内设计的尺寸性能和人性化的细节需求侧重略少。但住宅产品最终卖给客户的恰恰是户型，在客户已经关注到产品的区位地段、周边环境、社区配套等项目显性价值的前提下，随着市场不断完善，日趋理性的客户会越来越关注"我家"是否好用，功能是否贴近相对长期的需求，他们会更在乎产品的"内在属性"。而全装修产品之所以需要在前期产品定位阶段做出这么多的判断，在客户需求方面做出这么多的投入，最主要的目的就是使建筑单体可以充分融入合理的室内设计理念。因此，在现阶段住宅建筑设计中，室内装修设计师适时介入，有效获取客户需求，对户型进行优化，是系统、精细化建筑设计的重要手段；同时，这也是精细化室内装修设计的开始。一个好的成品住宅装修产品，一定是由优秀户型作为基础，其室内功能、空间动线、结构、设备设置等基本条件都应该是充分的。

在这个大背景下，室内设计介入程度或早或晚，优化余地或大或小，大体可以划分成两种模式。如果早介入，或建筑单体自身可调整余地较大，设计师可以充分依据客户行为模式的分析，遵从客户的生活需求，结合原始户型条件，根据全装修室内设计的原理，对户型进行"大幅度"的优化，甚至有些可以由室内设计师完成单体户型的平面设计。当然，如果介入较晚或建筑单体可调余地较小，室内设计师仍能充分发挥前期介入优势，户型进行局部调整和细微优化。无论怎样，适时的室内设计配合对于户型优化、完善产品设计都有着重要作用。而这其中的过程也离不开设计师和业主、建筑设计单位的充分互动，因为很多技术决策，诸如建筑、结构、设备等专业的合理性与可实施性仍有赖于建筑和室内设计团队的有效协商。

3.1 室内设计前期"介入"户型方案优化

如果说室内设计在建筑设计前端介入是"大幅度"优化的良机，那么，"大幅度"修改都能涉及哪些因素呢？可以说，除了那些确实不宜大动的基本配置，或者影响户型设计的关键条件，其他所有内容都可以在原始户型框架内进行室内调整。其内容可以涉及客户的定位与需求、室内功能的布局、室内面积的分配、空间动线的组织、室内尺度与细节的方方面面。

下文就是这样一个案例。此款户型设计定位于以孩子为中心的中年夫妇家庭，并且经过周密的市场判断和对此类客户的大量研究，家居收纳和家政空间是此类客户关注的重点需求。而室内设计师在前期充分介入的情况下，也及时在这方面做了大量工作，对于原有户型的室内动线、功能分区、空间关系、尺寸与配置关系做了全方位的梳理，特别是着重于玄关、厨房、洗衣间、衣帽间等重点空间的创新设计与优化。

案例：三房两厅两卫 南北通透户型

建筑面积：$138m^2$ 套内面积：$122m^2$ 得房率：88%

玄关 $6m^2$	餐厅 $14.8m^2$	客厅 $17.4m^2$
主卧室 $14.5m^2$	衣帽间 $4.2m^2$	主卫生间 $4.5m^2$
儿童卧室 $10.5m^2$	北卧室 $10.4m^2$	厨房 $7.6m^2$
洗衣区 $4.4+3.4m^2$	次卫生间 $3.4m^2$	阳台 $8.m^2$

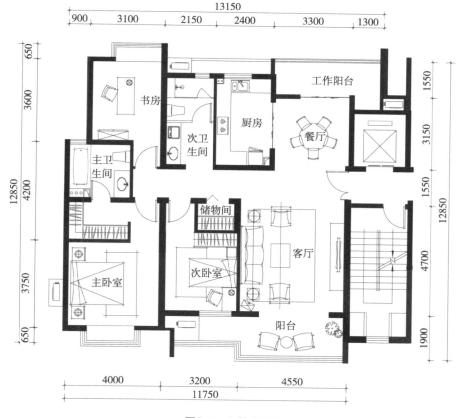

图3-1　原始户型图

在这个户型的优化设计过程中，设计师面对的客户群主要是小太阳人群，空间配置为三房两厅两卫、南北双阳台，建筑面积 $140m^2$ 以内，开间、进深都控制在11m左右，且户型占有南向三个开间，这四项基本的控制条件没有变动，其他室内设计要素都有所优化。这个户型之所以在后续市场上受到客户的普遍认可，其中最大的原因在于室内设计师通过从创意理念到细节手法的优化，使得户型设计理念及功能设置大大超越了市场上的同类产品。以下，就让我们通过每个空间的逐一拆解来进行具体分析。

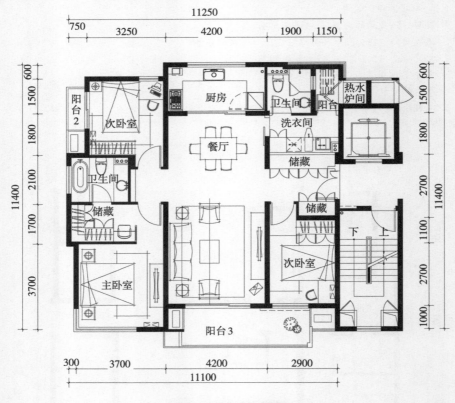

图3-2　优化后的户型图

（1）对比分析：玄关

通过对原户型入口处的彻底优化，设计师成功地创造了一个独立的玄关过渡空间。长2.9m、宽1.4m的区域自然地形成室内外空间的过渡，有效保持室内空间的清洁。玄关两侧设置了大体量的收纳空间，分置的收纳系统具备了细致分类的条件，通过不同宽度与高度的空间分割，合理收纳大衣、鞋帽、雨具、球拍等家居物品。在此玄关系统中甚至还特别预留了旋转式放鞋架，高低错落的13层鞋架可摆放40双不同种类的鞋子，堪称整个玄关收纳系统的点睛之笔。当然，这些都源于室内设计师在建筑方案前期提早介入，使户型设计从一开始就融入了室内家居收纳的理念。而这其中很多关于收纳的分类规划、柜体的加工尺寸，都是普通建筑师不太能够准确拿捏的。

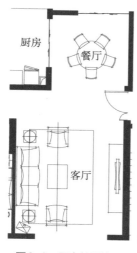

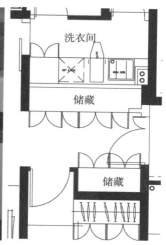

图3-3　原玄关设计图

图3-4　玄关高配置收纳

图3-5　优化后的玄关设计图

直接进入客餐厅，无过渡空间，未设置一些必要功能设施，不便于维持室内的清洁

分类细致，多功能组合的收纳系统很实用。独立的内外过渡空间，利于室内清洁。储物空间尺度舒适，利于衣物更换及储藏

（2）对比分析：客餐厅

原始方案中，餐厅面宽3.2m，客厅面宽4.5m，尺度略显不均衡，特别是餐厅尺寸略小，与客厅基本没有互动关系，同时圆形餐桌的摆放条件也使走道成为无效的纯粹交通空间。而调整后的客、餐厅尺度适宜、共享性更好，横向的餐厅布置也可使走道成为可以利用的有效空间。

（3）对比分析：次卫生间系统

优化后的次卫生间系统绝对是一个创新，这一点通过具体数据的详细比较可以一目了然。在原始户型的次卫生间中，2.75m^{2}的洗衣机和洗手盆的空间分区布置使得洗衣活动完成后，不得不穿过客厅、餐厅，将衣物晾置在北阳台。而调整后的户型，家政功能得到了重新规划和最大限度的强化，3.4m^{2}的家政空间和4.4m^{2}的生活阳台零距离设置，洗衣池、洗衣机、烫熨衣、储藏衣柜、杂物收纳等一应俱全，且与其他空间相对独立。并且，原始户型中坐便器和淋浴占据了将近3.55m^{2}的空间，而新的户型中由于尺寸优化，坐便器、淋浴和洗手盆一共才占用了3.4m^2，且各部件均尺度适宜。

可见，对次卫生间的户型优化设计充分考虑了客户的各种家政使用需求，对功能的满足是一个质的提升。一方面，它对起居空间进行了动线优化，彻底实现功能分区；另一方面，也带来更强大的收纳功能。家政间内，各种衣物与洗涤用品不但有各自独立的放置空间，同时预留

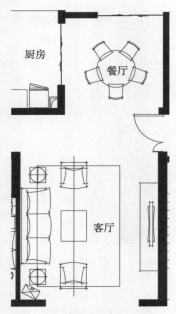

图3-6 原客厅餐厅设计图

餐厅空间略小，走道空间过长
未充分利用。
客餐厅空间共享性略差

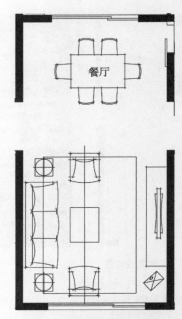

图3-7 优化后的客厅餐厅设计图

餐厅空间尺度舒适，面宽4.2m。
走道空间融入客餐厅，空间利用充分。
客餐厅共享性好

出尺寸合理的洗衣机位置以及折叠式熨衣板的位置，创造出传统户型不可比拟的优势。

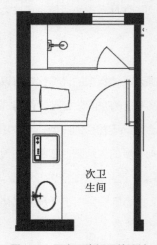

图3-8 原次卫生间系统设计

干湿区功能单一。
次卫空间利用率低。
与其他空间关系干扰多

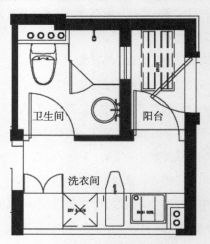

图3-9 优化后的次卫生间系统

独立洗衣间，组合功能设置得当。
次卫布局合理，空间利用充分。
洗衣间和次卫空间关系简单，无干扰

（4）对比分析：主卧更衣室

主卧室对原有步入式衣帽间的尺寸进行了调整，体现了系统收纳柜的空间尺寸概念。在功能设计上，大衣、上衣、裤架、领带盒、抽屉、搁板等考虑周全，尺寸经过仔细研究，符合实际需要，同时增设梳妆功能，考虑了更多的家居生活需求，这也是针对目标客户而"私人定制"的。而这些细微之处的推敲，恰恰可以体现室内设计师对于细节需求、家具设置、板材特性等环节上的点滴优势。

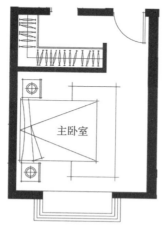

图3-10　原主卧室设计图

更衣室功能单一

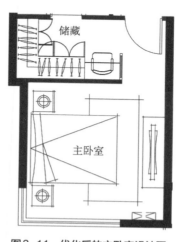

图3-11　优化后的主卧室设计图

走入式衣帽间增加梳妆台功能

（5）对比分析：次卧室

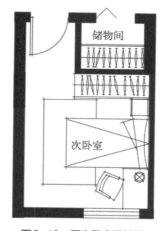

图3-12　原次卧室设计图

次卧走道面积大，空间狭小，进深3.3m

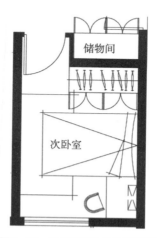

图3-13　优化后的次卧室设计图

次卧空间更加宽敞，不可利用空间少，进深3.8m

几个次卧室的优化和升级还是主要体现在格局尺度和功能配置上。由于家居收纳体系重新规划得当，南卧室的进深得以加大，空间更为宽敞，且门后等无效面积减小。北卧室更是得益于整体户型面积的优化配置，使得房间面积加大、空间规整，甚至可以在有景观条件的朝向增设室外阳台。

（6）对比分析：北卧室

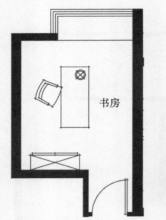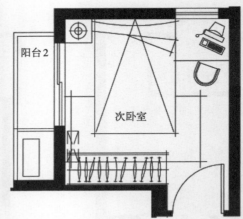

图3-14　原北卧室设计图　　　　图3-15　优化后的北卧室设计图

北卧面宽窄，空间狭小，面宽2.9m　　北卧面宽加大，空间舒适，设置观景阳台，面宽3.25m

（7）对比分析：阳台

阳台空间的规整程度应该与使用者的便利程度成正比。但往往在建筑设计中出于立面造型的需要，抑或是一些空调设备条件的限制，使得设计方案不尽如人意。当然，在这里

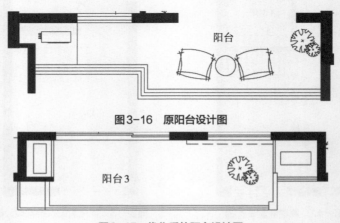

图3-16　原阳台设计图

图3-17　优化后的阳台设计图

阳台实际可用率提高更加舒适宽敞

也并非片面强调功能至上，至少在充分引入室内优化设计理念之下，可以充分考虑到阳台实际使用效率，满足外窗、外门设置的合理性以及设备安装等各类限定条件。

由以上案例可见，优秀的全装修方案中，室内设计在产品定位阶段介入，在建筑设计过程中全程参与户型优化，涉及点涵盖了全部户型内部设计，包括建筑、结构、暖通、给排水、设备各个专业，重新确定了功能面积配比、空间尺寸优化、内部流线分析，并包含了产品卖点升级、收纳空间梳理等核心内容，以此能确保户型的合理性，甚至创造了产品新的卖点。

3.2　室内设计及时"融入"户型方案设计

目前市场上户型设计仍多以规划建筑专业为主导，户型也涉及了规划、建筑单体、市场要求、经济技术指标、审批规范等各类限制因素，需要统筹考虑。所以，室内设计的切入点也多以单体户型建筑设计的后期阶段为主，而室内设计师对户型方案进行微调的情况最为常见。在此条件下，室内设计师仍可充分根据自身经验，在对户型不进行较大改动的情况下进行优化。当然，优化设计也可以解决户型的很多问题。在这其中可重点关注的是：

① 厅、房等主要空间的使用及布置情况。空间基本条件的确定，比如空调孔位、梁柱形状优化。还有一些细小的空间预留尺寸，比如收纳系统等室内空间尺寸及具体布置方案。

② 具体房间的动线布置、配置要求等项，特别是厨房、卫生间的布置。比如，排水排污管道、煤气管道、地漏、水电预埋、机电设备的定位、室内家具设备的布置条件等项。

③ 室内外主要设备条件。室内空调机布置方案（确定电气、弱电定位等），室外空调架的定位（与预留洞及建筑立面紧密相关）。室内洗衣机、拖布池等布置（上水、下水的布置）等项。

以下，我们通过具体案例来分享一下，在基本定型的方案中涉及室内装修设计的户型优化事项。

> 案例：三房二厅二卫南北通透户型
> 建筑面积136.03m²，套内面积114.71m²，得房率84.3%
>
> 玄关3.4m²　　　　　　餐厅10m²　　　　　　　客厅37.3m²
> 主卧室18.6m²　　　　主卫生间4.5m²　　　　次卧室16.8m²
> 北卧室10.4m²　　　　厨房7m²　　　　　　　洗衣区2.5m²
> 次卫生间6.5m²

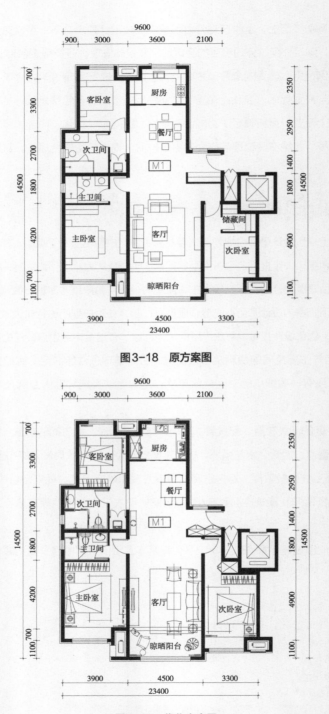

图3-18 原方案图

图3-19 优化方案图

（1）对比分析：客厅

原户型方案虽然是一个很完整的客厅，但由于建筑设计师缺少室内设计师对细节尺寸的关注，且对室内空间的装饰效果并不敏感，所以在细节上往往缺憾很多。比如，户型入口虽然设计了玄关收纳，但尺寸却明显偏大；原方案中的客厅家具布置方式、室内空间的开门关系，也并不符合室内效果及使用最优的原则。室内设计师可以出于自身经验，对室内尺寸、对应空间细部做出调整，使空间利用更为合理，也为后续室内装修设计的效果打下良好基础。调整后的客厅家具布置合理，进入室内看到的是客厅背景墙面的造型而非居家凌乱的沙发区，沙发区域空间感受也更安定。客厅空间完整独立，洞口位置齐整，为室内墙面及吊顶造型创造了绝佳条件。

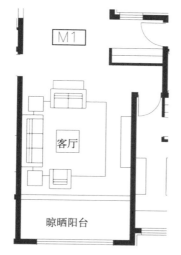

图3-20　原客厅设计图

玄关柜尺寸过长、过深，精装修成本过高。客厅沙发位置不具备隐私性。
主卧、次卧室门未对齐，视觉感受不佳

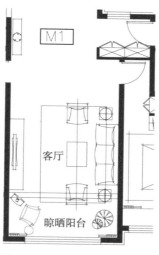

图3-21　优化后的客厅设计图

玄关柜由600mm调整为400mm，为后期精装修节省成本。沙发和电视位置对调，使背景墙效果更突出。主、次卧室门位置调整至对称，便于后期装修深化设计中的墙、地、棚等几个重要界面的处理

（2）对比分析：次卧室

次卧室随着客厅开门位置的调整也发生了一些变化。通常，客厅所用的装饰手法和成本花费都会高于卧室，开门位置的调整也使装修成本得到控制。同时，原方案虽考虑了居室收纳功能，但空间较为局促——细部尺寸紧张，储藏间的实际可利用空间也很有限。优化后的方案使客厅的空间更为方正的同时，提高了室内利用率，保留了部分收纳功能，同时考虑作为客卧室或者是书房的功能——预留一定的墙面为未来家居购买成品柜子，这样的修改对于潜在客户来讲可能更为适宜。

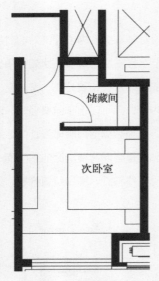

图3-22 原次卧室设计图

次卧室门前部空间较为浪费，原
室内储物空间利用率较低

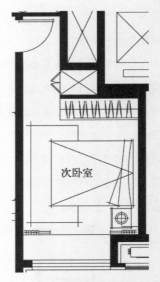

图3-23 优化后的次卧室设计图

次卧室门位置调整，为后期精装修节省成本。原储藏空间隔
墙拆除，保留部分作为收纳功能，增大次卧室和衣柜的空间。
墙面加厚200mm，防电梯噪音

（3）对比分析：厨房

原方案中的厨房显然也是经过建筑、设备等专业考量的，但是其设计深度仍使得某些
设想过于理想化。比如，原烟道管井不利于放置燃气表和燃气热水器。而新方案将烟道和
管井位置分离，虽看似凌乱，但却充分考虑了实际空间尺寸，确保可实施性。优化后的方
案使设备离管道的距离更近，兼顾功能和装饰效果，同时合理解决了燃气表、燃气热水器
和分集水器的布置问题。

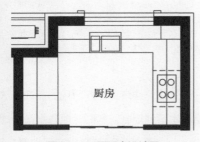

图3-24 原厨房设计图

原烟道管井位置，不利于放置燃气表和燃气热
水器。缺少储物空间

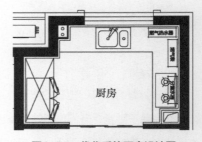

图3-25 优化后的厨房设计图

将烟道和管井位置分离，使烟道离烟机更近，水
管离水盆更近，方便布置燃气表、燃气热水器、分集
水器，嵌入式冰箱增加立柜，丰富了储物空间

（4）对比分析：主卫生间

主卫生间的布置首先感觉是淋浴屏开启方向和马桶的位置略有冲突，但实际问题出在水路布置上。优化方案将风道管井和花洒调整至水盆、马桶一侧的墙上，既便于淋浴屏开启，也方便水专业施工。

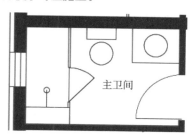 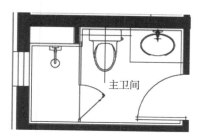

图3-26　原卫生间设计图

原风道管井位置导致淋浴屏开启不便

图3-27　优化后的卫生间设计图

将风道管井花洒位置调整至水盆一侧的墙上，便于淋浴屏开启，也方便水路专业施工

（5）对比分析：次卫生间

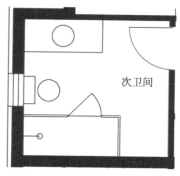 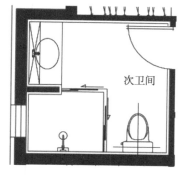

图3-28　原次卫生间设计图

无烟道管井，次卫生间布置观感较差

图3-29　优化后的次卫生间设计图

增加烟道管井，调整次卫生间平面布置。进入卫生间见到手盆观感较好，下移窗600mm,调整至淋浴房内

次卫生间的布局发生了很大变化，增加了烟道管井，在原有空间尺寸丝毫未动的前提下，使洗手台、淋浴、如厕空间更为方正、好用。同时可以想象，卫生间开门后能正对洗手台和镜箱的感觉明显优于直接看到马桶的方案。并且值得注意的是，这一室内布局的优化也导致了建筑外窗位置的微调。

通过以上案例可以看出，在户型格局基本不变的情况下，优化方案重点调整了室内墙体及门洞口位置，以及厅房、卫生间和厨房等重点空间的室内布局，包括管井风道、设备安置、细节尺寸等项，调整还可能涉及立面外窗的微调。虽然优化是细微的，但却成效斐然——特别为下一步室内装修设计的定型和全面深化打下了坚实基础。

3.3 室内设计后期"修补"户型设计缺陷

室内设计如果不能提前介入，一旦土建结构施工成型甚至是完成之后再希望进行室内设计调整，其问题往往是不可逆的——其实市场上很多家装设计面临的就是这样的问题——一个新楼盘交付，数千套带有缺陷的毛坯户型进行大规模、零散拆改，之后再逐一装修。而室内设计师在有限的条件下进行优化，仍有可能会留下部分不可更改的硬伤。从批量成品住宅装修项目的操作经验来看，那些仅仅根据建筑设计经验而未经过前置室内设计优化的项目，后期每平方米的拆改费用大体都在200元左右，特别是结构墙体位置、室内标高的修改，水电系统等专业的拆改，在很多情况中都是很难改造到位的。

如果大家对这个动辄以千万元计的拆改费用仍有些模糊的话，那么我们通过下文这个典型案例的分享就会使问题更加明晰。这是一个前期建筑设计已经完成，在建设阶段临时决定通过提供装修来提升户型品质的案例。该案例中的原始户型产品是一个非常典型的公寓类毛坯房产品，土建结构施工已基本完成，但市场反馈户型中存在不少问题，销售欠佳，并且由于市场条件变化，开发商决定提供整体装修来解决产品品质问题。后续的室内优化设计无疑是系统而卓有成效的，但由于装修改造而产生的高昂拆改成本却不容小觑。

新调整的户型在原有结构的条件下，无疑优化了很多。合理规划室内动线，从而科学地利用空间，才是户型设计的根本。新的生活流线主要围绕着卧室、卫生间、书房等私密性较强的空间展开。访客流线最大限度地减少与起居和家务流线的相互干扰，以免客人拜访时影响家人休息与工作。新的设计也充分满足了人性化的生活习惯，比如，一个位置布局恰当的卫生间，有明确的交通流线。此外，房间内部的床、梳妆台、衣柜包括电器的布局适当，没有让人感觉无所适从的空间死角。家政流线最主要的作用是方便日常储存、清洗、料理这三个方面。厨房中的储藏柜、冰箱、水槽、炉具安排决定了厨房流线，其布局需要满足方便取物、操作、放置等步骤的顺序要求。同时，主人卧室增大面积至10.72m²，并且增加了3.83m²的书房面积、2.35m²的玄关面积。客餐厅南北通透，有良好的采光通风条件，卫生间布置也更趋合理，将原有的景观阳台优化为满足设备整合的生

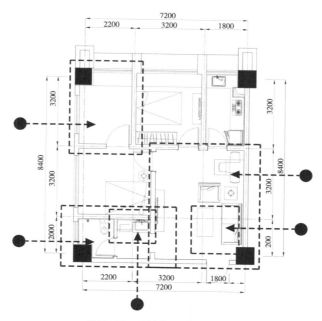

图3-30　原始户型平面分析图

　　客厅没有采光面，阳台面积太大且占据了最理想的采光面。玄关功能缺失。洗手间面积偏大，且未能实现干湿分离。洗衣机距离阳台太远，不方便使用

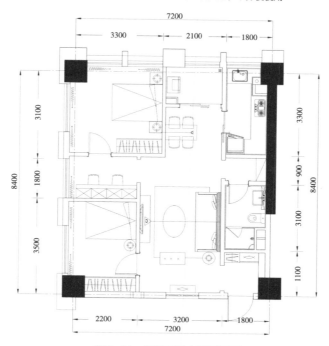

图3-31　调整后的户型平面图

活阳台。优化后的客厅更便于未来客户自行选购家具。

　　然而，这一系列使户型更为合理的必须动作所导致的拆改工程量究竟有多少呢？

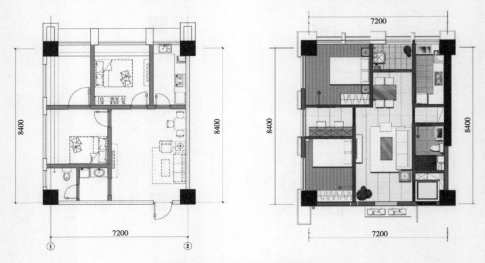

图3-32　内部墙体拆改示意图

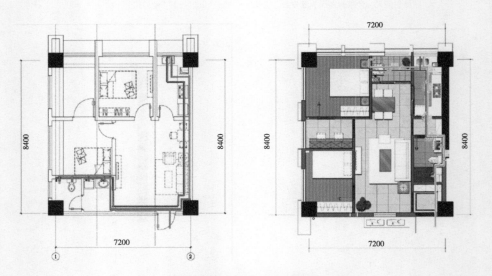

图3-33　水路系统拆改示意图

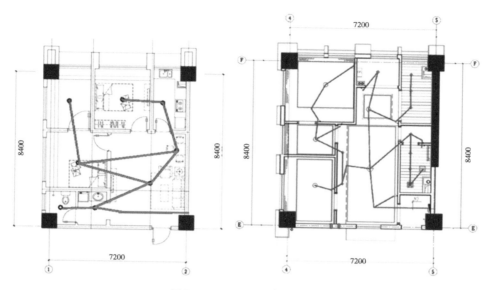

图 3-34　照明系统拆改示意图

表 3-1　需拆除工程成本

工程名称	工程量（m²）	工程单价（元/m²）	工程金额（元）
拆墙	76.16	20	1523.2
冷水管/热水管	35	3	105
排水管	5.5	5	27.5
照明线路	20	2	40
空调线路	36	2.5	90
插座线路	62	2	124
网络线路	15	2	30
电话线路	5.5	2	11
电视线路	6	2	12
报警线路	11	2.5	27.5
煤气报警器	12	2.5	30
可视对讲线路	5	2.5	12.5
需拆除工程成本总计：			2032.7

表 3-2　需增加工程成本

工程名称	工程量（m²）	工程单价（元/m²）	工程金额（元）
砌墙	81.6	70	5712
冷水管/热水管	27	25	675
排水管	13	45	585
照明线路	71.7	18	1290.6
空调线路	33	22	726
插座线路	56	20	1120
网络线路	17	18	306
电话线路	4	16	64
电视线路	7	16	112
报警线路	12	16	192
煤气报警器	16	18	288
可视对讲线路	5	20	100
需增加工程成本总计：			11170.6

> 单户拆改花费＝需拆除工程成本＋需增加工程成本，总计约13203元，户型面积71.75m^2，每平方米拆改费用大约是184元。这栋23层的双塔楼的建筑面积共计50665m^2，本项目拆改费用总成本约为932万余元。

这样的情况在激烈的市场竞争环境下随时都有可能发生。这个项目应该说是幸运的，室内装修设计师通过户型优化完善了产品设计，提升了户型设计水平。虽然花费了将近千万元的成本，好在所有涉及修改的内容还是可以通过工程改造实现的，所以室内设计在产品品质的提升上发挥了至关重要的作用。当然，这其中，最佳的过程、最核心的目标还是提早跨越专业间的壁垒，在单体设计阶段，将室内、建筑、结构、设备等专业及时统筹。由于目前设计师受整体行业划分和专业经验所限，室内设计和建筑设计的统筹能力不足。而户型优化则可以使两者的关系发展为同步关系，其设计内容虽属于室内设计范畴，但又与建筑设计相结合，兼顾结构、设备、景观等各个专业，同时结合各地验收要求、成本分配原则和各不相同的客户需求点，在前期设计中进行整体解决，系统梳理功能和效果之间的关系，使交付给客户的产品更加贴近真实需求，提升产品的性价比。

第 4 章
全装修室内条件图设计

4.1 条件图的由来

户型优化中有些部分还可能属于建筑设计范畴，但条件图设计是非常明确的——使全装修项目的室内装修设计得以全面顺利展开。条件图是由室内装修设计单位提供给建筑设计单位的专业条件图纸，通常情况下要与建筑设计单位的方案深化和施工图同步进行。这样可以避免建筑设计在缺乏室内设计考虑的情况下仓促上马，装修施工单位依据更有效的室内装修图纸实施，减少了大规模的剔凿墙体及水电改造，更何况有些涉及结构的内容恐怕是很难改动的。

条件图的设计要求在建筑方案初步确定后，由室内设计单位进行项目户型内部细节设计，确定包括功能面积配比、房间尺寸优化、户型流线分析、户型主要卖点、收纳空间梳理、梁柱形状优化、空调主机、空调孔位、排水排污管道、煤气管道、灯位、开关插座、给排水点位及相应机电设备的定位等。条件图设计期间涉及大量与建筑、结构、暖通、给排水、机电设备等专业的同步协作，要密切关注建筑设计图纸与室内装修设计之间可能存在的矛盾，特别是那些水电定位矛盾、机电设备预留洞口尺寸差异等等。由于设计范围的需要，条件图的内容还要延展到某些建筑公共部分装修设计与户内装修设计的衔接，比如地面标高、户门门套的装修条件等；其中也可能包括室外阳台、露台门窗等设计与室内设计的合理衔接等。

可以说，条件图是批量精装修室内设计的关键一步。也有人说，精准的条件图设计其实已经涵盖了室内装修设计将近一半的工作量，从某种角度来讲，并不为过。

4.2 需要业主明确并向设计方反提的内容

条件图是一项重要的承上启下工作，其内容需要各方共同参与完成。除了室内专业本身所涉及的内容之外，还有很多内容是需要业主方面明确的，也就是条件图之前，需要装修设计方向建筑设计方反提的内容。

表4-1 全装修室内设计需甲方提供的资料

类型	图纸内容	说明
建筑图	平、立、剖面图	
	门窗表图	
	结构图（梁图）	对天花形式的设计有影响
点位标准	上下水图	排水为同层排水还是隔层排水，马桶是否考虑中水或墙排水

续表

类型	图纸内容	说明
点位标准	强弱电图	音响是留四个端口还是两个，主卧及客厅报警按钮是否均为标配，根据项目的自身特点设计强弱电形式，是否采用连体面板
设备	采暖形式的选择	厨房卫生间配暖气散热片（或者不标配），其他房间通过地面预埋管道取暖；各房间都标配暖气散热片
		有没有壁挂炉
		集分水器安装的位置有没有特殊要求
	空调形式的选择	户式中央空调（最好选择超薄型的）
		壁挂分体式
	热水器种类的选择	电热水器（吊装竖向或横向或落地）
		煤气热水器
		太阳能热水器（热水器是土建预埋管道还是由精装统一施工）
	其他设备	是否有新风系统，是单向流还是双向流

由上表可见，反提资料涉及内容包含了建筑、结构、水、暖、电气等各个专业。其中大量内容是对装修标准的框定，比如音响端口的预留、是否有其他设备等等，这些都是需要业主明确的内容；同时，还有部分与装修密切相关的建筑工程做法问题，诸如上下水方式、采暖形式、空调形式等。当然，所有这些问题都是为了给未来的室内精装修设计提供一个充分、合理的条件。

4.3　条件图的组成及具体步骤

既然条件图的重要性如此之高，那么让我们通过实例来梳理一下系统、完善的条件图的具体要求。

通常，条件图的内容相对可集中体现在六张图之中：

① 平面布置图（明确空间的功能布局，为深化设计和后期布置家具提供参照）；

② 墙体尺寸图（标注隔墙及洞口定位，合理控制尺寸，方便固定家具图纸深化）；

③ 强弱电点位图（选用规范的强弱电图例，依据家具位置进行合理布置）；

④ 照明控制图（依据最优使用方式和家具位置，在原建筑墙体或楼板上预留电源线盒的位置）；

⑤ 上下水点位图（用来表示卫生间洗手盆、花洒、马桶、洗衣机及厨房水盆、燃气热水器上下水点位）；

⑥ 地面铺装图（标出地面基本的材料及标高差异、地板和地砖的区分）。

4.3.1 平面布置图

设计平面布置图的步骤及注意事项：

① 先在建筑平面图里把需要制作条件图的户型复制到室内设计师的文件里，然后开始按室内设计需要重新分图层，调整线型、颜色、样式。可以把不需要的辅助线及文字删除，保持图面整洁清晰。由于这次是一次性完整地将室内从建筑图纸中剥离，所以要注意轴线对应的轴号以及指北针朝向不要出错。

② 整理结束后，开始进行室内空间梳理。要充分理解设计师的设计意图和其对空间的理解及功能布局。然后选择适合的家具模块，并且要注意模块的尺寸和空间通道的尺寸。

③ 家具布置结束后，进到布局空间选择规范大小的图框，然后选择视口。然后调整规范比例，之后锁定视口，开始进行尺寸标注及文字标注。

④ 平面布置图需要把各项设备（煤气表、分水器、暖气、空调）的位置标示出来，原则上那些有局部变异，影响水电暖气设计的户型都要局部出图。

⑤ 门的开启方向标注要清晰合理，并标示出门下的高差线（一般卫生间比厅房低，应用实线，厅房之间可用虚线标示）。同时，在门侧标示出门号，以方便随时掌握门的大小和个数。

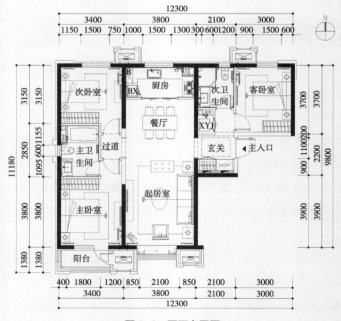

图4-1　平面布置图

4.3.2　墙体尺寸图

设计墙体尺寸图的步骤及注意事项：

① 此图主要是用来标注隔墙及洞口定位的，通常要标注内墙尺寸及墙的厚度。

② 承重墙与非承重墙用填充样式区分附带填充图例，并注意规范标注样式。

③ 建筑结构预留尺寸说明：

● 厨卫墙面：预留建筑抹灰及误差尺寸 15mm；预留铺装 30mm；

● 厅卧墙面：预留建筑抹灰及误差尺寸 15mm；

● 家政、阳台墙面：预留建筑抹灰及误差尺寸 15mm；预留铺装 30mm。

④ 设计需要表示空调冷凝管洞口位置及高度，如有燃气热水器，还需标示排烟洞口高度及位置。

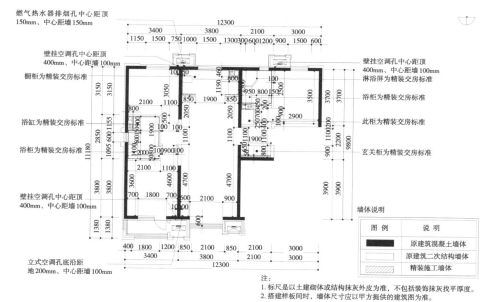

图4-2　墙体尺寸图

⑤ 特殊部位的处理，比如门垛等项建议要做特殊标注：

a. 室内侧墙贴砖，要求完成后门套与侧墙无缝，墙垛宽度 50~80mm，如图 4-3；

b. 室内侧墙贴壁纸或乳胶漆，要求完成后门套与侧墙无缝，最小留 30~50mm；

c. 室内侧墙贴壁纸或乳胶漆，无特殊要求。正常留 100mm 门垛，如图 4-4。

⑥ 孔洞定位的高度可以按孔洞中心距完成地面尺寸标注；间距按孔洞中心距侧墙完成面尺寸标注。

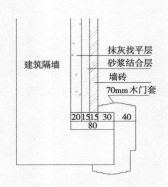

图4-3 瓷砖墙面门垛处理方式

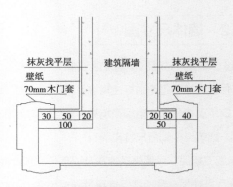

图4-4 壁纸墙面门垛处理方式

4.3.3 强弱电点位图

　　强弱电图设计要依据家具位置进行合理布置，用以明确各强弱电插座定位尺寸及原则，并可按种类统计个数，进而明确定位基准。

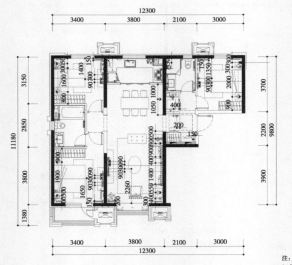

.卫生间、厨房插座见详图
.如无特殊标明，开关插座尺寸参照下表

图例	说明	备注
	单相二、三级插座	CH=300mm
	双联五孔插座	CH=700mm（客厅） CH=1200mm（卧室）
ⓣ	电视插座	CH=700mm（客厅） CH=1200mm（卧室）
ⓣ	宽带、电话插座	CH=300mm
ⓟ	电话插座	CH=700mm（客厅） CH=1200mm（卧室）
ⓣ	宽带插座	CH=300mm
Ⓐ	（单相三级带开关）壁挂空调插座	CH=2300mm
	（单相三级带开关）立式空调插座	CH=1300mm
Ⓜ	可视对讲端头 预留146接线盒	具体高度要根据设备定位盒上安装完见实际开关高度
Ⓝ	报警按钮 预留86接线盒	CH=800mm
Ⓡ	地采暖温控开关	CH=1300mm
ⓣ	音响插口 （音响预留钢线，面板为空白面板）	CH=300mm
十	预留线盒	玄关柜CH=1600mm 镜箱CH=1600mm 吊柜底灯 CH=1700mm
	强电配电箱 见配电箱系统	CH=1600mm
Ⓡ	弱电配电箱	
Ⓘ	红外幕帘探测器（仅首层及顶层有）	吸顶安装

注：
1. 上述插座均为插座底沿距完成面尺寸，强电与强电（弱电与弱电）中心间距为90mm，强电与弱电中心间距为300mm。
2. 标尺是以土建砌体或结构抹灰外皮为准，不包括装饰抹灰找平厚度。
3. 厨房、卫生间图纸需在排砖图完成后进行瓷砖墙面电位定位。

图4-5 强弱电点位定位图

　　设计强弱电点位图的步骤及注意事项：

　　① 选用规范的强弱电图例进行合理布置。注意强弱电的图例及字母不要弄混，根据项目具体情况或要求进行布置。结合项目情况适当调整强弱电图例的注释高度。

② 注意图例的分层，可以先把家具显示出来，根据家具摆放的位置合理布置电位，布置完后再把家具隐藏。注意尺寸标注不要出现尾数是小数的情况。

③ 强弱电箱的定位。强电应安装在方便开启且不影响美观的位置，比如玄关柜内。弱电则可放在比较隐蔽的位置，比如沙发后面。

④ 电气规范强弱电插座之间的间隔距离是300mm，底边距地不低于300mm。强弱电插座间距是150mm，在安装连体面板时可调为90mm。

⑤ 冰箱、洗衣机、空调（3匹以下）插座应带开关。

⑥ 具体房间，特别是厨房、卫生间的定位原则（在下文有述）需要格外关注。

⑦ 有地采暖的住宅还要合理设置温控开关，其作用主要是与集分水器连接，以便控制整个厅房的温度。

4.3.4　照明控制图

照明控制图表示开关设置最优使用方式。灯位是根据家具位置在原建筑墙体或楼板上预留的最合理的电源线盒位置，同时也考虑到了灯控形式、吊顶形式及高度等设计内容。

设计照明控制图的步骤及注意事项：

① 与装修施工图的照明控制图略有差别，条件图的照明控制图是表示原建筑墙体或楼板上预留的电源线盒的位置，并根据经验预留出主灯位及辅助灯光所需要的电源线盒来连接装饰天花板上的灯具（筒灯、射灯、灯带及其他灯饰设计）。

② 灯具定位可按灯具中心标注定位尺寸。嵌入式筒灯、射灯需标注最小安装高度。灯槽内灯管要注明搭接安装，避免阴影。

③ 墙面有壁灯或镜后和洗手盆有灯带的墙面上要预留电源线盒，并考虑标注定位。

④ 通常情况下，开关底边距地1300mm，特殊情况下可以根据要求调整，比如床头的双控开关可以适当调低至700~800mm。

⑤ 通常，主卧室预留主灯位的时候要把衣柜的尺寸剪掉，再居中布置。

⑥ 还要明确灯具控制的对应关系。原则上，一定尺度以上的客餐厅、主卧及过长的走廊均宜设双控开关。

由于精装前期土建预留点位不精确，类似筒灯这样的回路只能按线盒预埋，后期通过吊顶由精装施工单位来准确定位，因此只需给土建单位提供A版条件图即可，而给精装施工单位则须结合A、B两版图纸。

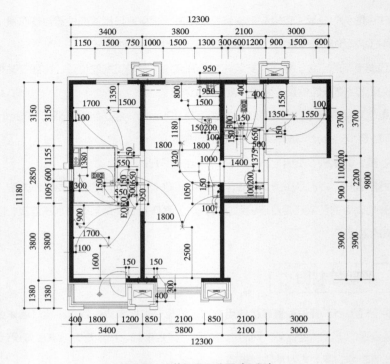

图4-6 天花灯具回路图（A版）

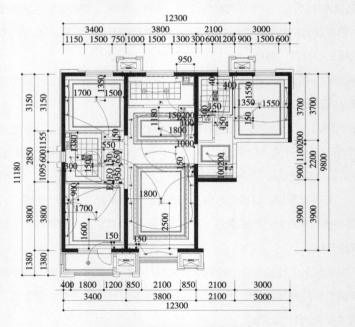

图4-7 天花灯具回路图（B版）

图 例	说 明	
◆▪	LED 射灯	
-------	日光灯管	
✛	防潮筒灯	
✛	节能筒灯	
⊞	集成灯	300 × 300
×	土建交房灯座	
⊕	吸顶灯	
⊠	预留线盒	吸顶安装
▦	集成浴霸及照明	300 × 600

注：1. 开关底沿距完成面1300mm。
2. 开关与开关中心间距为90mm。
3. 除特殊标注外，开关中心距门洞尺寸均为150mm。

图 例	说 明	备 注
⟍●	单联单控开关	CH=1300mm
⟍●●●	双联开关	CH=1300mm
⟍⟍●	双联单控开关	CH=1300mm
⟍⟍⟍●	三联单控开关	CH=1300mm
⟍●	单联双控开关	CH=1300mm
⟍● C	单联双控床头开关	CH=800mm
⟍⟍●	双联双控开关	CH=1300mm
⟍⟍⟍●	三联双控开关	CH=1300mm
⊣Ӿ	预留线盒	
YB	浴霸开关若与照明合并，放置在卫生间外	CH=1300mm

图4-8　天花灯具回路图图例

4.3.5　上下水点位图

　　此图主要是用来表示卫生间手盆、花洒、马桶、浴缸、洗衣机及厨房水盆、燃气热水器上下水点位、暖气定位尺寸及原则。

　　设计上下水点位图的步骤及注意事项：

　　① 此图主要是用来表示卫生间及厨房上下水点位的，注意冷热水图例的区别，比如那些在燃气壁挂炉位置预留的冷热水点位。

　　② 通常，上水定位高度按上水管中心距完成地面尺寸标注；间距按水管中心尺寸标注。下水定位按下水管中心距背墙的完成面尺寸标注。瓷砖墙面预留做法共45mm。

　　③ 要注意配置需与功能密切相关，比如马桶距墙的距离和中水的水位方向，通常中水的边上还会预留一个自来水的点位，用来连接洁身器。

　　④ 注意暖气的位置及分集水器的位置。

　　⑤ 还有一个容易忽略的就是管井检修口的定位，比如，检修口底边位于1000~1100mm

位置，根据具体情况调整。确保位于挡水上方的整砖上。检修口尺寸为300mm×300mm左右，根据管道数量及管径尺寸现场调整尺寸。

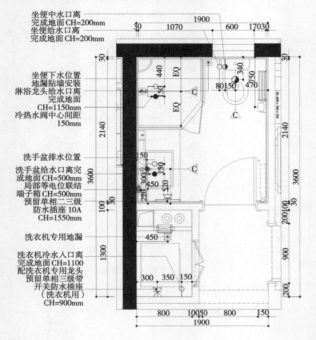

图 例	说 明
	冷热水口
	普通排水
	马桶排水
	中水口
	冷水口
⊠	洗衣机地漏
▢	地漏
	单相二、三级插座
	单相二、三级防水插座（带防水盖）
	单相三级插座
YB	浴霸开关
	预留线盒
MQ	预留煤气报警信号位置
	新风插座　顶板预留

注：插座底沿齐砖缝，水电点位与砖缝重合时应该错缝安装。
水电点位高度均为底沿距完成面高度。
最终电源位置以橱柜厂家为准。

图4-9　卫生间给排水插座图

4.3.6　设计地面铺装图的步骤及注意事项

① 标出地面基本的材料及标高。通常情况下，卫生间做降板处理，其他房间地面完成面均为正负零。

② 建筑结构地面预留尺寸说明：

a.石材地面：石材预留50mm，石材过门石预留50mm，卫生间石材预留65~70mm（完成面低于客厅地面15~20mm）。

b.木地板地面：木地板（15mm、18mm厚）预留20~25mm，木地板（8mm、12mm厚）预留15~20mm。

c. 瓷砖地面：满铺地砖预留40mm。

③ 地面材质分界线标注，可以根据过门石铺贴位置确定。

④有地漏的地面要表示出室内地面找坡的方向和坡度。

表4-2　室内标高关系表

序号	位置	建议的标高关系	备注
1	客厅、餐厅、户内走道	$=a$	
2	玄关标高	$=a$，或者$a-10\sim15$mm	
3	入户门槛石顶标高	$=$玄关标高$+5$mm	
4	入户门外的电梯厅标高	$=$入户门槛标高$-10\sim15$mm	
5	卫生间门槛石顶标高	$=a+5$mm	
6	卫生间门槛石下砂浆挡水槛顶标高	$=a-25$mm	即砂浆挡水槛厚度15mm
7	卫生间门槛石内侧标高	$=$卫生间门槛石顶标高-15mm	
8	卫生间地漏标高	$=$卫生间门槛石内侧地面标高$-1\%\times$排水坡长	
9	卧室门门槛石顶标高	$=a$或者$a+3\sim5$mm	
10	卧室地面标高	$=a$或者卧室门门槛石标高$-0\sim10$mm	
11	阳台铝合金下槛顶标高	$=a$	有利于成品保护
12	阳台	$=a-100$mm	结构降板

地面填充说明

图例	说明
	木地板饰面
	瓷砖饰面
	石材饰面

图4-10　平面地材图

4.4 主要室内空间的条件图设计要点

主要空间的平面设计要充分和电器点位的设计相结合。

由于项目定位不同，各空间的点位数量和标准也不一样，表4-3为常规的空间点位类型、数量和几种不一样的高度。

4.4.1 强弱电点位

4.4.1.1 玄关点位图

① 通常，中小户型的可视对讲可以放在入户两侧墙上，注意不要与开关位置重合。

② 强弱电箱最好放置在玄关柜内，以免影响美观，应规避分户墙。强弱电箱后面不应有水位、水管井。

③ 玄关高低柜处需配置充电插座，高端的产品还可引入USB接口。

4.4.1.2 客厅及餐厅强弱电点位图

① 餐桌位置需要预留电源，方便业主聚餐时电磁炉等设备的使用。

② 空调柜机位置预留电源，"K"通常代表空调专用插座（16A）。K1、K2是用来区分空调插座高位与低位的，K1代表空调柜机用的低位插座。空调柜机插座距地300mm；挂机距地2100~2300mm。而空调安装定位及孔洞定位标注可以参考：柜机，侧出，孔中距地150mm；挂机，背出，孔中距顶面完成面（含吊顶）420mm；挂机，侧出，孔中距顶（含吊顶）420mm。

③ 在布置沙发背景墙插座的时候要注意沙发的尺寸，不要被沙发挡住。通常，各边会有一个强电插座和音响端子输出插座，外侧会有一个电话插座和手动报警插座。

④ 电视背景墙插座通常会有电视的强弱电插座、网络的强弱电插座和音响端子的插座。电视插座一般情况下是在沙发中心的对面位置，其余的插座合理地分布。

4.4.1.3 主卧室强弱电点位图

主卧室通常会有电视插座、网络插座、电话插座、空调插座、手动报警及电源插座，设计时要根据之前布置好的家具来合理分布各功能插座的位置。

① 电视插座一般都布置在床中心位置对面的墙上，间隔300mm的距离布置电源插座。

表4-3　室内开关、强弱电插座表

位置	开关（考虑暗插面板）					强电插座（考虑暗排插面板）				普通插座			电视插座			网络、电话插座			空调插座		紧急报警按钮		红外幕帘报警器	备注	上下水 给水水口		功能
	特殊标配	控制方式	数量（个）	距地高度（mm）	功能	特殊标配	数量（个）	距地高度（mm）	功能	数据（个）	距地高度（mm）	功能	数据（个）	距地高度（mm）	功能	数据（个）	距地高度（mm）	功能	数量（个）	距地高度（mm）	数量（个）	距地高度（mm）			数量（个）	给水排水口距地高度（mm）	
玄关	人体感应开关	玄关柜下	1	1300		USB插座	1	1300	玄关台面															1. 红外幕帘报警器只有首层、二层、顶层，错台、露台处需特别安装。 2. 各户型可视对讲端口一个（底边距地1300mm），配电箱一个（距地1800mm），弱电箱一个（底边距地300mm），照明、弱电300mm，厨房可燃气体探测器一个（距顶面500mm）			
餐厅、起居室及过道			1	1300 / 800 床头开关	控制除冰箱所有电源 / 控制客厅电视插座	USB插座	1	300	沙发茶几处	四个端口或者三个端口	300 / 700 / 1200	常规高度 / 沙发墙面 / 电视墙面	一选	300 / 1200	常规高度 / 高位（壁挂电视）	一选	300 / 700	常规高度 / 高位（壁挂电视）		300或2200							
主卧室	小夜灯 500mm 高	插座形式 / 开关式		1300 / 800 床头开关				300 / 700 / 300 / 1200 / 1700	床头常规电源 / 床头高位电源 / 电视常规高位 / 电视高位柜内预留 / 感应灯预留盒				一选	300 / 1200	常规高度 / 高位（壁挂电视）	一选	300 / 700	常规高度 / 高位（壁挂电视）		2200（随层有微调）		800					
次卧室、书房客卧室	小夜灯 500mm 高	插座形式 / 开关式		1300 / 800 床头开关				300 / 700 / 300 / 1200	床头常规电源 / 床头高位电源 / 电视常规电源 / 电视高位电源				一选	300 / 1200	常规高度 / 高位（壁挂电视）	一选	300 / 700	常规高度 / 高位（壁挂电视）		2200（随层有微调）		800					

续表

位置	开关（考虑联排面板）					强电插座（考虑联排面板）				音响插座			弱电插座（考虑联排面板）											备注	上下水			
	特殊标配	控制方式	数量（个）	距地高度（mm）	功能	特殊标配	数量（个）	距地高度（mm）	功能	数量（个）	距地高度（mm）	功能	电视插座 数量（个）	电视插座 距地高度（mm）	电视插座 功能	网络、电话插座 数量（个）	网络、电话插座 距地高度（mm）	网络、电话插座 功能	空调插座 数量（个）	空调插座 距地高度（mm）	紧急报警按钮 数量（个）	紧急报警按钮 距地高度（mm）	红外幕帘报警器		给水口 数量（个）	给水口距地高度（mm）	排水口距后墙距离（mm）	功能
厨房								300	水箱					1200			1300					1100		1. 红外幕帘报警器只有首层、二层、顶层，错台露台外窗处才安装。2. 各户型可视对讲地1300mm），照明配电箱一个（底边距地1800mm），弱电箱一个（底边距地300mm），厨房可燃气体探测器一个（距顶500mm）		450	200	水盆给水
厨房								1100	电气墙面微波炉																			
厨房								1300	台面微波炉																			
厨房								1800	吊柜微波炉																			
厨房								500	消毒柜																			
厨房								1300	台面																			
厨房								1700	吊柜预留灯带线盒																			
厨房								1350	燃气热水器																	1350		燃气热水器
厨房								2250	烟机																			
主卫生间				1300				400	净身器									700	坐便器旁							200	360	坐便器净身器
主卫生间				1300				1200	浴缸处电视																	400	500	浴缸
主卫生间				1300				1300	吹风机及电动剃须刀																	400	200	水盆
主卫生间																										1100	地漏靠墙安装	淋浴
次卫生间				1300				400	净身器									700										
次卫生间				1300				1450	电热水器																	1450		电热水器
次卫生间				1300				1300	吹风机及电动剃须刀																			

② 根据书桌的位置合理地布置网络与电源插座即可。

③ 门口处一般会预留一个电源插座，注意要让开门扇的尺寸。电源插座也可以放置在门口，和开关位置保持垂直。

④ 床头的两侧各一个电源插座，两个插座的距离根据床的宽度而定。普通床宽为1800mm，两个插座之间的距离为2200mm比较合适。电话插座及手动报警按钮通常布置在靠近卧室门口的床头一侧，上下对齐安装，这样比较美观。

4.4.1.4　厨房强弱电点位图

① 冰箱插座，嵌入式冰箱和非嵌入式冰箱的插座高度不同，嵌入式为距地2000~2200mm，非嵌入式为距地300mm。

② 吸油烟机插座，通常在吸油烟机的正中心墙偏右60mm，距地2100~2200mm。

③ 洗菜盆位置下通常会预留一个垃圾处理器或厨宝的电源插座。

④ 根据壁挂炉的位置布置一个电源插座，高度在1450~1800mm左右。

⑤ 微波炉插座，或高位插座。一般吊柜的位置会预留一个电源插座，用来连接微波炉或别的电器。吊柜内强弱电插座距地1600mm，确保不被隔板遮挡；低柜内电源插座距地300~600mm。

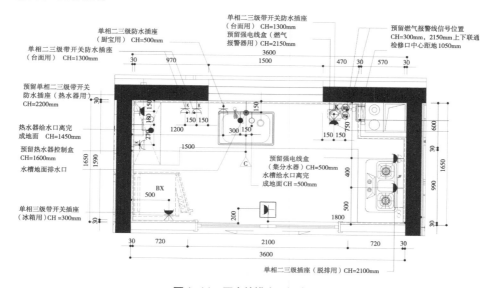

图4-11　厨房给排水、插座图

⑥ 橱柜台面通常会布置一个或多个电源插座。根据橱柜操作台面大小来确定数量。台面插座一般用来连接电饭煲或其他电器，应带防溅盒及开关。台面上方插座距地

1050~1300mm，应根据墙砖尺寸调整，确保在整砖中不压线。

⑦ 通常，燃气灶都布置在燃气立管附近，燃气表及燃气远传、弱电盒都在燃气立管附近。有的项目还要表示出燃气报警器的位置，通常在天花内或在燃气表旁边。

4.4.1.5　卫生间强弱电点位图

① 靠近洗手盆的墙面上通常会预留一个带防溅电源插座，用来连接剃须刀、吹风机或其他电器，高度通常为1300mm或1500mm。

② 洁具插座，马桶的墙面两侧通常会预留一个电源插座，用来连接净身器。

③ 洗衣机插座，根据洗衣机的位置布置一个洗衣机插座，注意与水源位置分开。通常，嵌入式洗衣机宜安装在侧面柜内，应高于上水高度，距地700mm；非嵌入式可根据具体情况安装在1100~1300mm位置。

④ 热水器电源插座不应与热水器在同一吊柜内，具体高度可以在热水器安装后，以其可视面板便于使用为原则。

4.4.2　照明点位

4.4.2.1　玄关、客厅及餐厅照明控制图

① 最靠近门口的一定是玄关用的照明开关，一般控制玄关照明的开关单联或双联就可以了，如果是高端的项目，还可以考虑声光感应控制开关。

② 客厅及餐厅的主灯可以设为双联双控开关（视具体项目需求情况而定）。

③ 餐厅与客厅的辅助灯光开关可根据情况确定几控开关。如果墙面尺寸不够，也可考虑与玄关控制开关放到一起，合并成三联开关。要注意灯带与射灯或筒灯需要分开控制。如果是在不同的造型灯池后的灯带，餐厅与客厅通常也要分开控制。

④ 可视对讲一般放在最尾侧，其底边与灯光控制开关底边距地同高较为美观。

4.4.2.2　主卧室照明控制图

① 主卧室一般为双控开关，其他房间通常单控即可（根据项目不同有所差别）。

② 主灯位让出衣柜及窗帘盒的位置，然后在顶部中央布置。

③ 布置床头的双控开关时注意与电源插座的关系，二者不宜重合，这样较为整齐美观。

4.4.2.3　厨房照明控制图

① 厨房的开关一般放在厨房门的外侧，主灯位居中布置就可以。如果灯具超过6个，

可考虑分两路控制，少于 6 个时，一路控制即可。注意吊顶底下灯带也要单独控制，或与橱柜厂家商定在吊柜底下设置开关，单独控制。

② 部分厨房的开关边上有地暖的温控开关，地暖温控开关布置的位置视情况而定，一般都是在分集水器位置附近。

4.4.2.4　卫生间照明控制图

① 卫生间开关通常放在卫生间门的外侧，灯位根据使用功能分开控制。

② 洗手盆上方一般会有照明灯，如有镜前灯或灯带，也可以一个回路控制。

③ 淋浴区一般会有照明灯，一般为单独一控。

④ 排风扇一般在马桶的上方靠近风道的位置，为单独控制。

⑤ 如设置浴霸，浴霸通常需要单独的一组开关面板来控制，不能与照明开关合并到一个开关面板上。浴霸开关可放在卫生间内。

4.4.3　上下水点位

4.4.3.1　厨房上下水点位图

① 洗菜盆位置预留冷热水点位及下水管点位。布置洗菜盆时，靠近下水立管的位置比较合适。橱柜水盆下水定位宜贴墙布置，中心距地 300mm。上下水一般分冷热水，中心距离为 150mm，距地面完成面距离为 450~600mm。

② 燃气壁挂炉的位置也要预留冷热水点位。

③ 燃气壁挂炉通常放在厨房或家政间内靠近风道或外墙的位置，方便排放废气。

④ 如果分集水器在厨房，一般可放在灶台柜下。通常，为了与温控开关连接，分集水器需留一个线盒，这样便于温控开关控制分集水器的水温，线盒高度一般距地 500~600mm 左右。

4.4.3.2　卫生间上下水点位图

① 手盆下预留冷热水点位及下水点位。给水位置中心距地 450~600mm，下水位置中心距墙 250mm。

② 淋浴区预留冷热水点位及地漏位置。冷热水点位在花洒中心的位置。淋浴上水定位为冷热水出口暗埋中心距地 1100mm。

③ 浴缸上水定位：冷热水出口暗埋中心距地 700mm 或台面龙头出水口为 400mm，

限制宽度内居中。浴缸下水定位：距墙体完成面310mm，限制宽度内居中（视产品选型的情况可调）。

④ 通常，马桶下水分前排后排，市场常见的马桶坑距为305mm（马桶下水中心距完成墙面）和400mm（马桶下水中心距完成墙面）。

⑤ 马桶进水点位都在人坐在马桶上的右侧，所以中水位置需要布置在与马桶进水点相同一侧的位置。中水的旁边还要预留一个连接净身器的水源点。通常，坐便器上水（中水）可位于正立面左侧，距坐便中心150mm，距地180mm。预留洁身器上水距坐便中心150mm，距地180mm。

⑥ 地漏可考虑边缘距背墙完成面150mm，位置位于淋浴间内花洒正下方居中；坐便器侧边应另设一处。

⑦ 洗衣机处要预留冷水点位及地漏点位。按照方便使用的原则布置就可以。可以参考：洗衣机上水若为嵌入式，中心距地400mm，位于侧柜体内；非嵌入式，中心距地1200mm；洗衣机下水中心距墙150mm，并注意躲让开洗衣机及其电源插座的位置，避免遮挡。

⑧ 拖布池上水中心高度距地700mm，拖布池下水中心距背墙完成面150mm，可根据选型调整。

通过对上述条件图标准的梳理，大家不难发现，条件图中的很多内容都不仅仅牵涉平面，也涉及立面、剖面的思考，特别是厨、卫、家政空间那些管线密集区域的立面以及设备设施的定位和组织。因此，条件图既是建筑设计标准的延伸，也是有效进行室内装修设计的前提。在开发领域粗放经营、毛坯房大行其道的过往时期，市场上确实还缺乏一些能够统揽建筑、室内各专业的高水准设计者，而随着行业的不断进步和集约化程度的持续提高，系统、精准的设计条件标准必将成为设计行业更高的要求。

第 5 章
精细化的厅、房设计

5.1 客厅

　　客厅，顾名思义，是指专门接待客人的地方。由于我国居住建筑的发展情况所限，往往在建筑上把客厅与起居室的作用合为一体。也就是说，国人的客厅基本都兼有接待客人、用餐和生活起居的作用。当然，部分有条件的户型也会有专门的待客和家庭起居的空间。同时，厅的空间概念中还包含玄关、过厅、餐厅等空间，由于其在空间关系、室内装修手法上关联较为密切，且多为整体考虑，因此这里也把它们合并介绍。

　　厅房空间的设计既要注重品位，又要有足够的舒适度。在厅房设计的细节上，要充分考虑预埋插座、电视电话线盒、音箱线、调光开关等布线的细节设计构思，要求在细节上满足使用者的行为习惯。以这种标准完成的成品住宅装修房，客户住起来不会有任何后顾之忧。

5.1.1　客厅设计的基本要求及常用尺寸

5.1.1.1　客厅的基本设计要求

　　客厅是家居中活动最频繁的一个区域，在设计上除了满足使用功能外，还应符合客户的审美需求。因此，设计师可以采取适宜的设计策略，赋予居室较丰富的设计内容，同时为客户预留进一步用家具、装饰物美化空间的可能。一般来说，客厅设计有如下的几点基本要求。

　　（1）空间宽敞化

　　无论客观空间是大是小，制造宽敞的感觉是一件非常重要的事。客厅是家居中最主要的公共活动空间，宽敞的感觉可以带来轻松的心境，因此不管是否做人工吊顶，都必须尽量确保空间的高度。

　　（2）照明最亮化

　　客厅应是整个居室光线(不管是自然采光或人工照明)最明亮的地方，当然明亮不是绝对的，而是相对的。

　　（3）风格普及化

　　不管家庭某个成员的个性或者审美特点如何，在批量成品住宅装修设计中，设计风格应为广大客户所接受。这种普及化并非指装修格调一定平淡无味，而是需要设计手法考虑一定的折中性，让大多数人容易认可。

（4）材质通用化

设计方案需确保客厅所采用的装修材质，尤其是地面材质能适用于全部家庭成员。例如，如果在客厅选择太光滑的砖材，可能就会对老人或小孩造成伤害或妨碍他们的行动。

（5）关注重点区域

玄关、餐厅都是客厅的重要组成部分，具有相对独立的功能需求，特别是有些地方风俗对玄关等空间有要求，更应适当关注。总的来讲，玄关、餐厅等重点区域的功能划分和室内设计，要与客户的实际需求和审美认知相匹配。

5.1.1.2 客厅的常用尺度及配置要求

客厅布置需确保会客区的通道畅通。因为人们经常要在客厅活动，所以保持通道的畅通是十分重要的。就电视前面的通道而言，宽度最好在1m以上，茶几和沙发的距离最好在0.4m以上。会客区是家人、朋友活动交流的场所，也是客厅最主要的功能区域。为确保会客区的家具摆放合理，建议选择宽大的双人沙发或三人沙发（最好长度在2m以上），如果空间允许，在沙发的旁边还可以摆放一个或两个单人沙发，也就是我们常说的U形设计或L形设计，沙发中间是一款茶几。

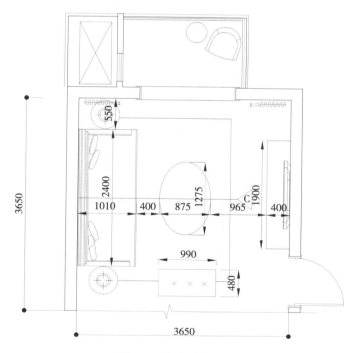

图5-1 单列型布置客厅

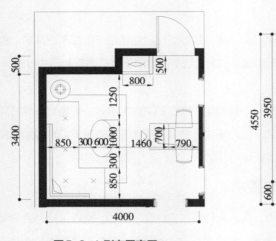

图5-2 L形布置客厅

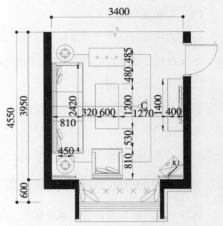

图5-3 U形布置客厅

客厅家具主要由沙发、茶几、电视柜组成。主要布局：单列型、L形、U形。

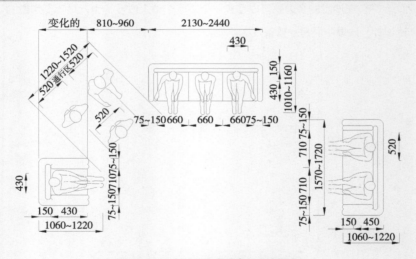

图5-4 适宜通行的客厅家具尺度标准

布局合理的餐厅位置应靠近厨房，可以缩短膳食供应和就座进餐的交通线路，同时也可避免菜汤、食物弄脏地板。餐厅和起居室之间可采用过道做分隔，灵活处理，恰到好处。餐桌离墙的距离不小于80cm，这个距离是包括把椅子拉出来以及能使就餐的人方便活动的最小距离。餐桌的标准高度为72cm左右。这是桌子的合适高度，一般餐椅的高度为45cm较为舒适。

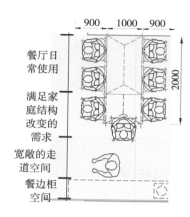

图 5-5　餐厅常用尺寸

表 5-1　客厅常用家具标准尺寸表

家具	长（单位：mm）	深或宽（单位：mm）	高（单位：mm）
单人式沙发	800~950	850~900	坐垫高350~420；背高700~900
双人式沙发	1260~1500	800~900	
三人式沙发	1750~1960	800~900	
四人式沙发	2320~2520	800~900	
小型茶几	600~750	450~600	380~500（380最佳）
中型茶几	1200~1350	380~500或600~750	
正方形茶几	750~900		430~500
圆形茶几	直径750，1050		330~420
电视组合柜	2000	500	1800（组合柜高度）

综合以上日常生活的场景化需求，我们将客厅的设计尺寸大体归结为经济型、普通型和舒适型这三种类型，并对其设计原则以及关键尺寸进行了标准化化分解。

表 5-2　客厅空间量化标准表

类别	量化标准	备注
经济型客厅	面宽：不小于3800mm	适合90m²以下户型
	进深：不小于4000mm	
	面积：15.2m²	
	面宽：不小于3600mm	
	进深：不小于3900mm	
	面积：14.04m²	
普通型客厅	面宽：不小于3900mm	适合90~130m²户型
	进深：不小于4200mm	
	面积：16.38m²	
	面宽：不小于3850mm	
	进深：不小于4000mm	
	面积：15.4m²	

续表

类别	量化标准	备注
舒适型客厅	面宽：不小于4500mm	适合130m²以上户型
	进深：不小于5200mm	
	面积：23.4m²	
	面宽：不小于4200mm	
	进深：不小于4800mm	
	面积：20.16m²	

5.1.2 客厅的设计原则及标准

客厅是最容易体现空间设计风格的地方，它是室内设计师乐此不疲的追求，也是装饰设计的兴趣中心。在实际的室内设计中，很多设计师会掺杂太多的个性因素，但作为批量设计、批量施工的公共空间而言，保持适当的"通用性"还是非常必要的。

5.1.2.1 平面布局

客厅的布局主要考虑以下问题：

（1）沙发的放置

主要考虑两方面的因素：其一，沙发向外所看到的景观好不好？其二，门口能否看到沙发的正面？

（2）电视机的放置

需要考虑到反光的问题。电视机柜的高度，应以人坐在沙发上平视电视机屏幕中心或略为俯视为宜。根据国际无线电咨询委员会（CCIR）对最佳视距的定义：当观看距离为屏幕高度的三倍时，高清晰度电视系统显示效果应该等于或接近于一名正常视力者在观看原视景物或演示时的临场感觉。观看16：9的46英寸液晶电视的最佳视距为1.8~3米，客厅的开间完全满足客户在家观看大屏幕电视的需求。

（3）聚会、家庭就餐

餐厅应设计自由备餐的放置区，可以放置简单的食品及餐具。同时，还应采用大面积半透明磨砂玻璃门，这样使餐厅更通透、更明亮，增强厨房空间与餐厅区域之间的亲密交流。

5.1.2.2 硬装之墙面

客厅的一个重要活动是家人一起看电视，所以电视背景墙便自然而然地成为了客厅的视觉中心。好的电视背景墙格调应和客厅整体风格保持一致，同时又能成为空间的亮点。

图5-6　客厅背景墙——背景墙材质的变化打造　　图5-7　客厅背景墙——材质巧妙替换，成本
出个性鲜明的客厅空间　　　　　　　　　　　　　也能适当优化

　　电视背景装饰墙面可用的装饰材料很多，有木质的、玻璃的，也有用石材或布料的。而批量成品住宅面对如此纷繁的设计手法，背景墙的材料选择应充分地考虑抗裂和防潮性能，并避免大规模现场油漆作业。比如，在使用木材时，为了防止其变形、变色，就必须采取一定的措施——木质材料不宜直接接触需要经常清洗的地面，以利防潮，如下图所示。为各个居室门安装防撞橡胶条，延长各户内门的使用寿命，满足室内消音效果。

图5-8　客厅墙面装饰材料　　　　　　　　　图5-9　居室门的防撞胶条

5.1.2.3　硬装之地面

　　① 地面材料在整体装修材料中，无论从绝对数量和成本比重上看都是大部头。因此，地面材料应重点考虑那些防污、防滑性能较好的瓷砖或石材。大规模的工程应慎重对待那些运输困难、产量少、色差大、易污染、护理难的石材。

　　② 高档装修可以设计一定范围的石材拼花。当拼花比较复杂时，应设计为机械加工形式，避免现场切割。

　　③ 地面材料采用地砖的方案，应根据场地的净空尺寸进行排砖，防止因为设计排列不

当而引起的大量材料损耗。同时，在铺贴方式上，应尽量照顾到材料的完整性，保证整块或1/2砖，避免出现小块碎砖。另外，控制异形铺贴方式，减少45度斜铺的方式等，都是减少损耗的有效措施。

④ 客厅地面采用砖石混搭方案的，宜设置石材波打边，一方面部分解决室内空间不方正的问题；另一方面，设计恰当的波打边有时还可以显著降低损耗率。

⑤ 踢脚线应尽量同地面材料配套，少使用易受潮发霉的木质踢脚线。踢脚线宜凸出墙面，但厚度不宜超过12mm。石材踢脚线可部分嵌入抹灰层中。

⑥ 当采用木地板时，应谨慎选择实木地板，由于其色差及变形无法有效控制，故很难适应大规模批量使用。同时，采用木地板的室内建筑结构施工，必须严格控制房间的规整程度，防止出现大小头。地面材料为大面积铺贴木地板，而建筑结构质量一般，无法确保室内空间方正时，应在各房门下设地板收边条或门槛石，以控制累计误差。

5.1.2.4　硬装之吊顶

① 繁复的吊顶设计往往成本投入不菲，虽然也有很多简约的设计手法，比如，可以通过对顶部空间精细的处理产生良好的效果，但仍不可否认，目前市场上中高档装修还是需要设计吊顶，有层次感的吊顶及棚顶线角确实对空间的品质感有立竿见影的效果。当然，吊顶设计的标高不应影响空间高度感，如果厅的面积小于30m² 时也可减少吊顶的面积，这样也能降低成本及后期因吊顶开裂产生的投诉。批量成品住宅装修室内设计产品的吊顶设计宜简洁大方，适合大规模现场施工。

② 吊顶应避免大面积使用胶合板，宜选用石膏板、埃特板等变形较小的板材。收口位置必须使用胶合板时，其接缝位置需用环氧树脂调和锯末后密封。要求较高的接缝部位应采用专业的填缝材料和绷带密封。

③ 天花角线顶可考虑石膏角线，减少阴角不平的缺陷，保证品质感。

④ 当建筑结构施工的阴阳角质量一般时，宜设计天花角线，方便施工。墙面平整度一般时，宜避免使用平直的天花角线，防止突显出墙面质量缺陷，如图5-10。

⑤ 吊顶上的灯具比较复杂时，开关应分组控制，回路控制关系符合使用习惯。

图5-10　客厅吊顶处理

5.1.2.5　**玄关设计要点**

玄关入户是重要的礼仪行为，设计手法需要兼顾科学、高效、舒适。良好的玄关设计往往可以体现主人的个性，更给外人留下良好的第一印象。

（1）玄关收纳

关注入口玄关处的收纳功能，通常可以在900~1100mm的高度结合固定柜设置台面，用于放置随身的包、钥匙、手机等，也可临时放置买的菜、家庭用品等。台面考虑设置插座，以方便临时手机充电等。玄关走道的一侧或双侧设置衣柜、鞋柜，在进

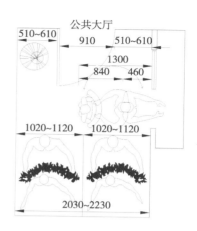

图5-11　玄关更衣所需空间尺寸

屋后可以快速高效地更换和存放外出的衣物和鞋。同时，在鞋柜底部设置150mm的空腔空间，可方便主人轻松换鞋。

在户型设计及户型面积许可的情况下，结合入口玄关处设置固定坐凳，或结合柜子做活动换鞋凳。

玄关处结合柜体设置穿衣镜，方便人在此进行简单的梳妆或出门前关注一下自己的仪表。

图5-12　玄关设置

（2）对景墙

玄关的变化离不开展示性、实用性、引导过渡性。当设有对景墙时，宜设计那些容易实现工厂化制作的方案，并充分考虑与现场吊顶、墙面、地面结合部位的收口做法，保证美观效果，同时避免出现裂缝、返潮。当成品对景墙需要穿越吊顶时，应采用专门的设计

节点满足合理安排施工顺序的需要。

（3）玄关地面

人们大都喜欢把玄关地面和客厅区分开来，自成一体，或用纹理美妙的大理石拼花，或用图案各异的地砖拼花勾勒而成。批量成品住宅装修的玄关地面设计需把握四点：耐用、美观、易保洁、便于实施。很多耐用砖、石材料，具有密实基层、防潮性能表层，经久耐用又方便日常擦洗，都是适宜的选择。地面设计有波打边时，应考虑鞋柜、更衣柜等就位完毕之后的整体效果，防止柜体局部遮盖波打边。同时，材料本身必须有足够的防滑性能、较好的耐污性能和较高的硬度，不宜选用镜面度过高的材料。

（4）玄关吊顶

玄关的空间往往比较局促，容易产生压抑感，但通过局部的吊顶配合，能改变玄关空间的比例和尺度。而且在设计师的巧妙构思下，玄关吊顶往往成为极具表现力的室内一景。这里我们需要把握的原则是：简洁、统一、有品质。可以将玄关的吊顶和客厅的吊顶结合起来考虑。同时，鞋柜上方及更衣柜内部宜有照明设施，吊顶上的灯具应考虑与地面装饰中心的对应关系，也应避开梁位。玄关吊顶部位有结构梁时，应复核梁底的最低标高。

5.1.3 客厅的电气设计

5.1.3.1 客厅灯光设计

客厅的照明应明亮、有层次。客厅的照明一般由主光源、局部光源、装饰光源组成，客厅的吊灯、吸顶灯作为客厅的主光源，而射灯、筒灯可以作为装饰光源。正确的选择光源并恰当地使用它们可以改变空间氛围，并创造出舒适宜人的家居环境。进行灯光设计时，要结合家具、物品陈设来考虑。如果一个房间没有必要突出家具、物品陈设，就可以采用漫射光照明，让柔和的光线遍洒每一个角落；而为了强调重点，可以使用定点的灯光投射，以突出主题。有的客厅具有多种使用功能，因此灯光设计相对复杂，光源较多，仍要与室内装饰相协调，还要考虑家庭成员的活动，根据面积和功能区域有效地布置灯光，调整照度。

在厅房中进行光源的层次设计，要考虑在客厅看电视、聚会时，在餐厅就餐时，在客厅及卧房看书、夜间走动时不同的光线需求。精心设计的灯光组合，可以营造出客户所需要的理想生活空间。比如，在客厅里看电视、看书、会客都应该有不同灯光效果而营造不同的主题环境；照明系统至少分几种形式，普通生活模式和家庭影院模式，有的还要考虑"派对"模式。

图5-13　普通生活场景

使用成本较低的电子式照明灯具，不仅控制了电费，而且确保了必要的照度

图5-14　家庭影院场景

不点亮主照明，仅通过筒灯来保持一定的照度，既能达到影视效果，又不损坏视力

图5-15　"派对"场景

全灯点亮，符合热闹的聚会照明要求

图5-16　"派对"场景

降低筒灯照度，晚上边饮酒边聊天，营造悠闲气氛

玄关是进入室内给人最初印象的地方，因此要明亮。可在进门处与客厅交界处安装筒灯、射灯或装壁灯，以改善采光不好的情况。玄关处设计精致的天花吊顶造型和暗藏灯管，暖色的灯光设计让人入户即有温馨的感觉，加上入户功能的完善化布置，使得玄关空间越来越成为家庭中不可缺少的重要空间。

餐厅可考虑采用悬挂式灯具，例如暖色吊灯，营造温馨的用餐气氛。同时，也可以选择嵌在天花板上的射灯或地灯烘托气氛。不管选择哪一种灯光设备，都应该注意不可直接照射在用餐者的头部，否则会影响食欲。

5.1.3.2　客厅的电气专业配置要点

① 客厅中合理、人性化的线路设计，要考虑在电视墙上安装铺设多媒体线路的隐藏管道，同时在沙发后面预埋音响线，充分考虑功能插座，使客户不必为电视和多媒体设备的

接线裸露而烦心。考虑到有线电视机顶盒、DVD机多为2孔插座，因此合理设置2、3孔插座的比例，比如设1个5孔、1个4孔插座，可大大提高插座的使用效率。

② 背景墙必须是实体墙，要考虑背挂电视插座位。客厅电视背景墙的设计应综合考虑视听系统安装完毕之后的整体效果，预留电视插座高度为1000mm。

③ 客厅采用高窗时，应考虑为电动窗帘预留插座，便于客户自行改装。

④ 客厅内应考虑设置阳台上的灯具开关。

⑤ 考虑到使用吸尘器的便利性，在较长的公共走道等处均布置插座点位。

⑥ 在客厅或餐厅方便使用的地方预留饮水机点位。

⑦ 在餐厅旁设置电源插座，让客户随时都可以使用火锅招待亲朋好友。

⑧ 强弱电箱考虑结合玄关柜隐蔽设计。

⑨ 空间较大的户型，可视对讲机位置可考虑放在客厅、餐厅处，而非放在离活动空间比较远的玄关走道，方便人在户内使用。

⑩ 玄关需合理布置灯具开关，一般玄关顶灯开关通常位于入户门边，出入使用方便。在玄关的一侧最好放置一个一键式开关，可方便出门时截断户内照明。

5.2 卧室

对于卧室来讲，保护隐私、有利于睡眠应当是设计时重点考虑的内容。而私密、舒适睡眠的条件又可概括为：适当的通风、自然照明、最小的噪音、良好的空气质量。适当的通风，意味着正确的空调安装方式；自然照明涉及预留窗帘的安装位置，可调节的人工照明等；防噪音则要求有效控制房间之间的水流声、关门声音的干扰；而卧室中的空气质量保证，减少甲醛等装修污染也是装修设计都需要关注的问题。

5.2.1　卧室设计的基本要求及常用尺寸

5.2.1.1　卧室的基本要求

空间需求对于任何房间的使用都是第一位的，卧室也不例外。比如，我们经常可以发现，家居的收纳空间似乎永远是不够的。卧室的平面净空尺寸应按照床架、床头柜、衣柜的实际尺寸进行设计。家具之间距离较近的，应考虑门扇开启是否相互干扰。同时，卧室朝向宜与床架垂直，并靠近床尾方向。有些地方对卧室布局也有特定的风水习俗，宜充分考虑。比如，卧室门不宜正对入户门或者卫生间等。当然，卧室应有适宜的通风和适度的自然采光，以适合人体健康的需要。此外，有些卧室还会兼做书房使用，而书房是读书学习的地方，照度一定要达到要求。

5.2.1.2　**卧室的常用尺度及配置要求**

卧室中的家具主要由衣柜、床、床头柜组成。如果空间允许，可在卧室中放置电脑桌（梳妆台）及休闲椅等。考虑到青年客户的需要，卧室中还应考虑婴儿床的位置。

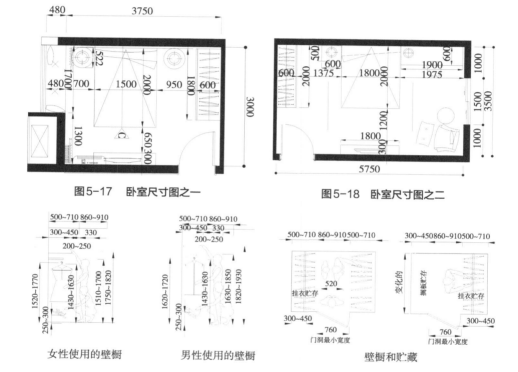

图5-17　卧室尺寸图之一　　　　　　图5-18　卧室尺寸图之二

女性使用的壁橱　　　　男性使用的壁橱　　　　壁橱和贮藏

图5-19　卧室贮藏尺寸示意

卧室家具尺度标准：

① 双人主卧室的最小面积是 12m²；

② 吊顶标高高于窗上口，高度约 2400~2600mm；

③ 卧室中通行、拿东西、铺床至少需要 910mm 的宽度。

表5-3　卧室常用家具标准尺寸表

家具	深度（宽度，单位 mm）	高度（长度，单位 mm）	备注
衣橱	600~650	2200~2400	
梳妆台	400、450、500	1000、1200	

家具	深度（宽度，单位mm）	高度（长度，单位mm）	备注
矮柜	350~450	600~700	
电视柜	450~600	600~700	
单人床	900、1000、1200	1800、1860、2000、2100	
双人床	1350、1500、1800	1800、1860、2000、2100	
圆床	1860、2125、2424		直径（常用）
平开门	800、900	2100~2300	
推拉门	750~1500	1900~2400	

　　我们也将卧室的设计尺寸大体归结为经济型、普通型和舒适型这三种类型，并对其设计原则以及关键尺寸进行了标准化分解。

表5-4　卧室空间量化标准表

类别	量化标准		备注
经济型	面宽：不小于3000mm		适合90m²以下户型
	进深：不小于3900mm		
	面积：11.7m²		
普通型	面宽：不小于3600mm		适合90~130m²户型
	进深：不小于4200mm		
	面积15.1m²		
舒适型	面宽：不小于4500mm		适合130m²以上户型
	进深：不小于5400mm		
	面积24.3m²		

5.2.2　卧室的设计原则及标准

5.2.2.1　设计要点

　　居室的面积一般不宜过大。中国历代帝王富有四海，其睡觉的卧室才10m²左右。当我们走进故宫的养心斋或书房背后的卧室，就会发现在72万m²、近9000间房屋的故宫中的卧榻，与我们常人所居的大小无异，并且睡觉时床前还要放两道帘子，这主要是为了保证人在卧室中能"凝神聚气"。

　　卧室中除摆放双人床外，还应留有一定面积摆放卧室家具，如衣柜、梳妆镜、床头柜等。如果户型设计上能考虑设置墙式的壁柜、壁橱则更好。卧室的家具不宜过多，摆放应尽量集中，将余下的空间留给床，以增加卧室的舒适感。床尽量不要两面靠墙摆放，以防引发风湿类疾病。采用不受流行趋势影响的简洁设计，令卧室具有品质感、便利性和舒适感，设计上充分考虑今后家庭的可持续使用。譬如年轻夫妇，首次置业购房后，预计 2 年后生孩子，书房也可变为父母房，方便老人为照看孙子暂住一段时间。

5.2.2.2　硬装之墙面

为了防止饰面的开裂和老化变色，墙面不宜大面积使用壁纸或壁布，阳光直射的部位尤其不宜使用。当然，可以局部使用墙纸做装点，或者用其他材料（如壁纸漆）代替。墙面设计有较多木作材料的，方案应多为工厂制作考虑，避免在现场大面积进行油漆施工。

卧室的窗户应考虑安装窗帘的位置。需要设置电动窗帘的，应提前预留插座。通往公共阳台的外门需要安装窗帘的，宜在门框上设计突出墙面的收口条，用以固定窗帘轨道，同时也方便收口，如图5-22所示。

图5-20　居室窗口处理

5.2.2.3　硬装之地面

卧室地面可以选用多种材料铺装，其中尤以木地板居多。

① 卧室木地板建议顺光源方向铺设，收口处整齐美观，不另外使用收口条。木地板宽度可根据房间大小而定，如小户型铺设的地板不应宽于120mm。卧室内通常会有固定家具（收纳柜）的设置，其底部可不铺贴地面材料。

② 采用木地板时，还应考虑木材的伸缩性能。超过6m，应设伸缩缝，踢脚线部位应预留8~12mm伸缩缝。毛地板铺法对木地板平整度、防潮、变形性能较为有利，但造价相对较高；悬浮铺贴方法有利于木地板自由伸缩，但应注意防潮。木龙骨铺贴法对木地板变形不利，但对防潮较有利，造价也相对较低。

③ 铺设木地板的部位，地面找平层应提高质量水准，大面积范围内平整度误差不超过3mm，墙根、走道、门槛、成品衣柜附近误差不超过1mm，设计文件宜对此有所提示。

④ 地面采用木地板而又与卫生间门口相邻的，木地板下找平层的标高不应低于卫生间，并且门槛下必须事先设挡水坎。

表5-5　居室地面铺贴做法

序号	铺装材料	铺贴总厚度（单位：mm）	备注
1	大面积大规格瓷砖干铺法铺贴	40	
2	小面积小规格瓷砖湿铺法铺贴	15~25	

续表

序号	铺装材料	铺贴总厚度（单位：mm）	备注
3	卫生间防水砂浆保护层	8~10	
4	大面积石材干铺法铺贴	40~50	铺贴位置有交叉的管线时铺贴总厚度可能达到55mm
5	门槛石及小规格窗台石铺贴	25~40	
6	强化木地板悬浮法铺贴	10~15	
7	实木复合地板悬浮法铺贴	20	
8	实木复合地板龙骨法铺贴	30~35	
9	实木复合地板毛地板法铺贴	30~40	
10	实木复合地板架空毛地板法铺贴	60~70	采用地热系统的需另考虑

5.2.2.4　硬装之吊顶

居室可以设计吊顶，但不宜过于复杂，应以不显著降低标高为原则。并且，吊顶必须有防止开裂的技术措施，可以被阳光直射的部位，应加强防裂措施。吊顶上方通往外墙或者卫生间的一切洞口均应封闭，避免受潮，并防止老鼠、蟑螂等进入。

5.2.3　卧室电气设计

① 卧室内应考虑使用电脑、电话的需求：各卧室、客厅空间均布置双孔信息插座。考虑到次卧室可能会在靠近窗户的地方摆放书桌，因此，次卧室的双孔信息插座在靠近窗户一侧。主卧室的双孔信息插座在靠近卧室门一侧，重点考虑接电话方便（主卧室靠窗边一侧更多可能是放置梳妆台）。

② 阅读功能的考虑：客厅沙发两侧、卧室床头预留电源，用于连接台灯或落地灯。带封闭阳台或转角落地窗的户型，考虑到窗户距离沙发或窗比较远，在窗边设一个5孔插座，可放落地灯，供局部照明。

③ 卧室床头增设一个4孔插座：一般情况下，卧室的床头两边各设1个5孔插座，用来满足台灯、手机充电器、笔记本电脑的使用要求，考虑到还可能有加湿器等电器使用的可能，且用2孔较多，因此，增设一个4孔插座。

④ 开关设置在卧室内离门边150~200mm的位置。比较长的玄关和走道、客厅、主卧室设置照明双控，卧室床头双控开关高度降至700~800mm，可以免去上床后还要去门口关灯的烦恼。

⑤ 在居室通往卫生间的墙面较低处，还可以参考酒店客房的做法，设置小型夜灯，老

人起夜时就不必开主灯而导致睡意全无了。

⑥ 空调的出风方向宜优先考虑避免直接吹向床架，难以避免的，可以与床架方向垂直并偏向床尾，或者从床头高处吹向床尾。

⑦ 空调洞及空调插座的位置应与空调位置接近，高度合适，避免装修时影响美观。空调管道经过的位置应核算标高，防止影响吊顶安装。管道拐弯过多的，应估计安装难度。管道经过室外干挂墙面的，必须用套管保护，需事先安装到位并予以妥善保护。空调管道进入室内的部位必须有防水措施。空调的留洞及插座应与空调室内机位置接近，符合美观要求。空调留洞应预埋 PVC 管收口，预埋管直径应为 80mm。

⑧ 室外机的位置应予合理设计。铜管出墙部分应隐蔽，避免影响外观；难以隐蔽的，应统一施工，保证横平竖直。同时，还应保证室外机安装位置方便操作以及检修。

图 5-21　居室内空调合理设置

厅房居室是家中面积占比最大的部分，也是家庭活动的主要场所。日本住宅中，客厅虽然绝对面积不大，但却将房屋中最大面宽、最好朝向、最私密、最重要的位置都留给了家人一起使用，其重要性由此可见一斑。同时，充分挖掘、满足居室中人的活动是一项持续性的工作。除了男女主人看电视、吃饭、睡眠等最基本的需求，还应考虑到他们化妆、更衣、聚会、物品收纳等其他活动。另外，对于婴幼儿、老人的全天活动，方便、卫生、安全等一系列需求也都要适当考虑，力争使居室成为一个"全时"、有很长"生命周期"的好空间。

第 6 章
精细化卫生间设计

经过调研统计，每一个家庭每天平均使用卫生间的时间将近两个小时。这其中有40%的时间用于洗浴，35%用于化妆、剃须、卸妆，20%用于如厕，余下的5%用于其他活动。因此，良好的卫浴空间应具备适宜的采光通风条件，即便不能做到自然采光，明亮的人工照明仍然会给人以舒适感。卫生间应提供满足人体工程学的基本空间尺度感受，在功能上实现如厕、冲凉与洗漱分离，减少干扰。最好还要做到干湿分开甚至更多功能的区隔，这样的设计能够最大限度提高卫浴空间的使用率。在细节上，卫生间要提供足够大的洗面台，浴室要有足够的收纳空间，确保放置洗浴用品的物架、毛巾、衣物不会被水轻易打湿，地面还要科学地设置排水系统，不要让湿滑的地板滑倒人。当然还要合理考虑排气扇、浴霸、浴缸等设施的设计。

6.1 卫生间的基本功能需求

卫生间最基本的功能需求是盥洗、化妆、如厕，因此，需要配置的设施就是三件套或四件套（三件套：洗脸盆、马桶、浴缸或淋浴房及相关设施；四件套：洗脸盆、马桶、浴缸、淋浴房及相关设施）。

当然，这只是最粗浅的描述，结合客户的分类、面积的不同，我们可以划分出更为细致的客户细分，以及对应于不同卫生间的功能需求描述。

表6-1　不同客户的卫生间使用功能细分表

功能	细分行为	对应材料、部品	首次置业	改善置业
沐浴	泡澡	浴缸		★
	淋浴	淋浴房		★
		淋浴隔断	★	★
		浴帘杆	★	
		热水器	★	★
		浴霸	★	★
		暖风机		
	更衣	挂衣钩	★	★
如厕	大便	坐便器	★	★
	阅读	杂物架	★	★
	电话	电话接口	★	★
洗漱	洗脸	脸盆	★	★
	刷牙	漱口杯		
	洗脚	脚盆		★
	妇洗	妇洗器		★

续表

功能	细分行为	对应材料、部品	首次置业	改善置业
洗漱	妇洗	专用盆		
化妆	剃须	剃须刀电源	★	★
	护肤	置物架	★	★
	化妆	台面板	★	★
		小梳妆镜	★	★
	吹发	吹风机电源	★	★
收纳	化妆品	镜箱		★
		置物架	★	★
	毛巾	浴巾架	★	★
	女士用品	毛巾杆	★	★
	小电器	杂物架		★
	清洁用品	肥皂架（盒）	★	★
		洁柜	★	★
		口杯架		★
	垃圾	垃圾桶	★	★
	更换衣物	脏衣篓		★
洗衣	机洗	洗衣机（留位）	★	★
	手洗	洗衣盆		★
清洁	挂抹布	挂钩	★	★
	放置拖把	拖把池		★

其实，这个清单还不足以将卫生间的功能描述明晰。我们还应当根据卫生间洗漱、如厕、沐浴、洗衣功能的不同，将相应的收纳功能、照明功能进行针对性地细分。

（1）洗漱功能

水盆结合镜柜设计，放置口杯、洗面奶等，设镜前灯用于洗漱照明。

（2）梳妆功能

普通的梳妆功能结合卫生间洗漱区设置。台盆前设装饰镜面，考虑在台盆侧边方便使用的高度处（1200~1300mm左右）设置电吹风用插座。

（3）如厕功能

结合固定家具或面盆水柜设专用的"马桶收纳空间"，用于存放垃圾桶、厕纸以及临时存放书报等。

图6-1 马桶旁的成品收纳五金件

（4）沐浴功能

设浴巾架解决衣物的临时存放。如果空间允许，设固定柜解决沐浴液、洗发、护发等物品的放置；如果没有空间设固定柜，通过双层金属搁架解决。浴霸可考虑设置在淋浴空间之外，用于沐浴前后的取暖功能。

图6-2　结合盥洗台柜的梳妆、消毒功能

（5）洗衣功能

在户型设计及户型面积许可的情况下，设置家政工作区，综合考虑洗衣、熨衣、收纳等功能，空间相对独立，且要保证足够大的操作空间。独立洗衣间柜门设计考虑隔声要求，单独做上下水，注意通风换气要求。在户型面积较小、没有条件做独立家政工作区的情况下，洗衣机放置在卫生间（三居及以上放在客卫生间）。洗衣机上方设独立的洗衣机吊柜，解决消毒液、洗衣液、柔顺剂等存放问题。

（6）清洁功能

应考虑卫生间淋浴处安置下出水龙头，方便接水冲洗拖布。清洁工具考虑干湿分别存储，干的地板擦、玻璃擦、扫把、清洁盆考虑收纳在储藏间、公共储物柜或独立工作区中，湿的抹布考虑在卫生间晾挂。

6.2　卫生间常用尺度及配置标准

6.2.1　人性化的卫生间设计思考

（1）洗面盆区域空间尺度要求

洗面盆区域是集洗脸、刷牙及化妆等多种活动为一体的功能空间。因此，建议设计时以人体动作幅度最大的洗面活动为中心来考虑。洗脸时，腰部碰不到墙壁，需预留500~550mm，洗手时，腰部碰不到墙壁需预留450~500mm。因此，在住宅中，洗面盆周边的空间应为600mm以上。

如何做到洗手方便？我们通常以普通人无需弯曲后背，自然伸手便可洗手为标准。为精确测算出此距离，我们测试各种身高的人，以自然姿势站立时，手前伸至距

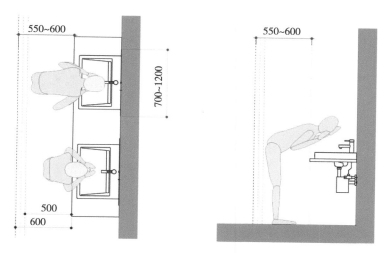

图6-3　盥洗台的尺寸考虑

身体中心300mm的拳头高度作为标准进行调查，由此得出便于使用的洗面盆高度为750~850mm。因此，在住宅中，洗面盆高度普遍为800mm左右。

（2）淋浴空间尺度要求

根据沐浴姿势及物品布置的不同，浴室空间最小需求和最大需求的差距很大。需要考虑到在浴室的活动，预留必要空间。淋浴区的活动空间至少为800mm×800mm，留有余地的话，900mm×900mm为基本尺寸。再考虑到脱衣的空间，1000mm×1000mm左右为最理想。

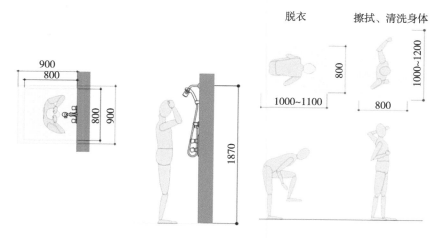

图6-4　淋浴空间的尺寸考虑

（3）坐便及浴缸的设计尺寸

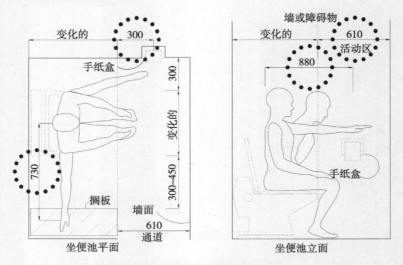

图6-5　坐便空间的尺寸考虑

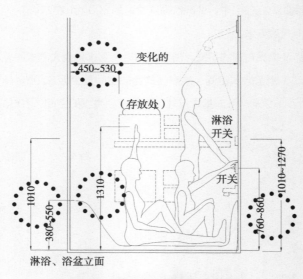

图6-6　淋浴及浴缸空间的尺寸考虑

6.2.2　卫生间配置标准

综合以上日常生活的场景化需求，我们将卫生间的设计尺寸大体归结为紧凑型、普通型和舒适型这三种类型，并对其设计原则以及关键尺寸进行了标准化分解。

表6-2 卫生间尺寸原则对应表

功能空间	类别	量化标准		备注
次卫生间	标准型	面宽：不小于1500mm		坐便器、独立单人面盆带洁柜、淋浴间、预留洗衣机位适合90m²以下户型
		进深：不小于3100mm		
		面积：4.65m²		
	紧凑型	面宽：不小于1930mm		
		进深：不小于2420mm		
		面积：4.67m²		
	舒适型	面宽：不小于1800mm		
		进深：不小于3300mm		
		面积：5.94m²		
主卫生间	标准型	面宽：不小于1800mm		坐便器、独立单人面盆带洁柜、浴缸。适合90~130m²户型。
		进深：不小于2400mm		
		面积：4.32m²		
	紧凑型	面宽：不小于2400mm		
		进深：不小于1500mm		
		面积：3.6m²		
	舒适型	面宽：不小于2300mm		坐便器、独立双人面盆带洁柜、浴缸、淋浴隔断、妇洗器、适合130m²以上户型
		进深：不小于2600mm		
		面积：5.98m²		

6.3 卫生间室内设计原则及标准

6.3.1 基本布局原则

　　根据客户反馈，卫生间装修水平对于整体室内装修水平的提升作用日趋明显，而多功能划分将大大提高空间的利用效率和使用品质。因此，如果空间允许，洗脸梳妆部分应单独设置。同样，应将洗衣机布置在卫生间的单独区域。一般情况下，两区可同时设地漏排水。卫生间设计要兼顾合理的空间布局、入口位置的灵活性以及适宜的动线等一系列内容。

　　① 卫生间开门尽量不要正对坐便器，而湿区开门方向宜朝向面盆。

　　② 卫生间房门宽度最小750mm，干湿分区卫生间干区与其他功能房间不用设置门，但要有门套。

　　③ 室外窗位需避开淋浴隔断，否则，淋浴隔断分割窗户将对使用带来不便。

　　④ 卫生间内管道设计要尽量集中在同一边，以便控制管道长度。同时，排污管最好不要靠近卧室，因为有些管道多少会有些噪音干扰。

卫生间常用的布局有三种：单列型、L形、U形。图6-7为优先考虑空间效率的方案（2400mm×1700mm）示例。

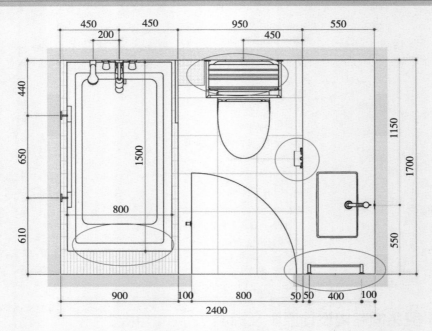

图6-7　卫生间方案

图6-8为淋浴、洗面和坐便区各自分开的方案。因各个行为区域划分清晰，更加便于使用。

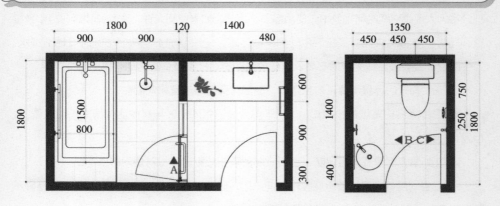

图6-8　分离式卫生间方案

6.3.2　硬装界面

（1）墙面

① 卫生间可以选用高质量瓷砖作为墙面材料，瓷砖的规格尺寸偏差应高于规范要求。瓷砖吸水率应从严控制，防止浸水后出现色差，如图6-9所示。

图6-9　卫生间瓷砖色差

② 如果成本允许，也可以选用高质量石材作为墙面材料，但必须考虑到所选石材应具有足够的供货能力，色差易于控制。材料必须具有较小的空隙率，不易污染、变色。石材表面不应大量设计凹槽，以防污染。

③ 墙面设计图必须进行详细排砖，并确定开线位置。排砖时，应优先注意窗洞口附近的排砖方式，避免在该部位出现明显的不对称。一般墙面宜避免小条瓷砖，尽量将碎砖安排在第一视野范围外的阴角。在高度方向上，排砖时应注意卫生间地面有排水坡度，防止在最低点出现小条瓷砖。当门框与瓷砖平接时，接触面处的瓷砖不应为切口。

（2）地面

① 地面材料必须防滑，并具有良好的耐污能力，色差较小。

② 卫生间地面应有1%的坡度至地漏，地漏应该处于最容易汇水的位置，其瓷砖或石材应切割成回字形以利于排水。当地面采用石材且石材单块规格较大时，不易形成合适的排水坡度，可设置排水槽，但不应因此而抬高卫生间地面标高。

③ 门贴脸为木质时，门槛应加宽，以使贴脸完全置于门槛石上面。为增强防水性能，卫生间内侧门贴脸下部宜采用石材，更有利于防潮，如图6-10所示。

（3）吊顶

① 卫生间吊顶标高不宜低于2200mm，设计时应考虑各种给、排水管线，空调管线，灯具，排气扇所需要的安装高度等，特别注意排气扇的高度不能低于外窗的上沿。

② 可以采用轻钢龙骨铝合金方块吊顶、条板吊顶或者综合吊顶，高档卫生间可以根

图6-10　卫生间内侧门下部石材做法

据卫生间尺寸定制大规格扣板吊顶。吊顶的表面处理工艺应防锈、不变色。为了防止吊顶扣板弯曲变形，导致在灯具四周漏光，吊顶扣板应有适当的厚度，同时最好能顺短边铺设。

③ 卫生间吊顶材料要充分考虑防水及耐久性，在此原则下，可考虑采用轻钢龙骨防水石膏板或埃特板等吊顶材料。材料表面采用防水腻子，刷防水乳胶漆。

④ 成本允许或品质要求较高时，可以采用双层板面吊顶或专业吊顶体系（如拉法基）以降低噪声。管道宜采用隔音材料包裹以降低噪声。防水石膏板吊顶与四周墙面之间易出现微裂缝，可以采取专业悬浮式吊顶体系，使吊顶与墙面做柔性连接。

⑤ 排风扇安装在吊顶上时，应采取独立的悬挂固定措施，避免噪音。

6.3.3 设备要求

（1）电气配置设备

① 不同区域应当有相对独立的、充分考虑功能和层次的照明。人性化的卫生间灯光效果宜采用T4暖光灯，保证最佳照明效果。同时，家人不会因起夜后被冷光源照得困意全无。

② 卫生间应设等电位环，其面板应符合美观要求，安装位置一般位于洗脸台柜内。

③ 卫生间内应考虑采用防水插座，且插座数量不宜少于3个，对应电器定位。

a. 壁挂式的热水器插座安装高度1450mm。坐便器插座距地450mm高，坐便器中心距插座300mm以上。其他插座底边距地1300/1500mm。

b.顶灯、镜前灯开关设置在卫生间外入口处，与门开启方向同边。浴霸的开关可设置在卫生间内，方便调节暖度和亮度。

c.设计吹风机与电动剃须刀的备用插座，方便小型家电在梳妆时的灵活使用。

④ 卫生间内设按摩浴缸的，必须按照其要求预埋线路。

⑤ 在马桶上方可考虑阅读灯，方便有如厕阅读习惯的客户使用。

（2）水路设备

卫生间中，最容易出问题的是排水系统的地漏，它是管道系统和室内地面的接口，一旦水封消失，地漏就成为返臭气的点。不仅如此，据说2003年香港陶大花园的"非典"事件，便是由于水封干涩，病毒通过地漏肆意传播。而目前地漏市场乱象一片，水封有磁性的、弹簧的、机械的，有的甚至没有水封。不管用何种类型的产品，严格控制"破封"的风险，和卫生间各配件的布局摆放都有关联。

地漏具体位置既要满足排水，又要便于日常清掏、维护，同时还要注意不要横跨在几块砖之间。因此，地漏应设置在地面经常能清洗或地面有水需排泄处，且水封高度不能低于 50mm。通常可以考虑放在马桶与淋浴，或马桶与浴缸之间的某个符合地面铺贴的地方。当然也可以考虑100mm×600mm 的条形地漏，保证顺畅排水与毛发等污物易于处理。

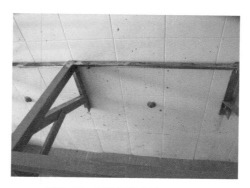

图 6-11　卫生间给水管位置示意

① 卫生间的给水管不宜穿越卫生间门槛石的下方，以利于防水。而在室内，水平给水管的高度也最好能避开盥洗台的固定点以及墙面最底部一块砖的高度，一般以 400mm 为宜，防止装修施工时被钉子钉穿。

② 面盆、淋浴、浴缸、热水器需要接冷热水管；坐便器、洗衣机需要接冷水管。

③ 坐便器下水管中心距墙装修完成面的距离可设置为 305mm。

6.4 卫生间重点及要点设计

卫生间中的设备主要由三大部分组成：淋浴房及浴缸、坐便器、面盆。当然，还有大量的五金件等。

6.4.1 浴缸

① 浴缸安装完成之后的上口高度宜为 450～600mm，这是年幼者和高龄者都可以方便进出浴缸的高度。浴缸端头的墙面宜预留空位，必要时增加坐凳，供障碍人士进出浴缸时使用，如图 6-12 所示，地面与浴缸底部的高差过大的话，跨步动作会不稳定，因此，高差为 100mm 以下最为理想。跨步进入浴缸时会不稳定，可先坐在浴缸边缘区域，再安心进入。而为了保持坐下的过渡空间，就需要 400mm 左右的尺寸。

② 浴缸龙头墙面安装位置应与浴缸中轴线对齐，安装高度 750～800mm。台面龙头高度给水距地 400mm，花洒安装高度 2000mm 或者 2100mm，花洒盘出水口高度 1800mm 以上。

③ 浴缸与四周石材的收口部位不宜为平接，最好高出裙边或低于台上沿，美观的同时方便清洁，如图 6-13，图 6-14 所示。

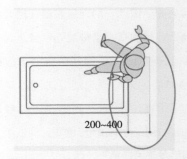

图6-12　浴缸高度示意

图6-13　浴缸与石材收口处理

图6-14　收口细节示意

④ 浴缸花洒的安装高度和选型应保证水花不致溅落到干燥区域，水龙头的水不应流淌到浴缸以外。

⑤ 浴缸侧面应设置检修口，宜考虑选用成品不锈钢制作，或者用瓷砖、石材虚贴，如图6-15所示。

图6-15　检修口示意

⑥ 浴室内常会出现动作不稳定的情况。为了确保身体平衡，设置扶手是很有必要的。横向扶手一般安装在距浴缸边缘上方，高度为100~150mm的位置。纵向的出入扶

手安装在浴缸边缘正上方的位置，距地面800~1400mm最适合握住。扶手下端距地高度为700mm。

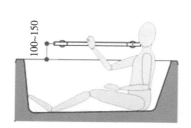
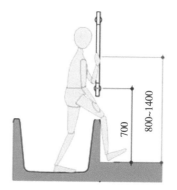

图6-16 浴缸扶手高度设置

⑦ 浴缸的未来，一定会进一步与智能化控制、个人私享体验、节能环保等多项功能相结合。比如，使用远程控制或触摸屏操控界面，可以直接设定希望的水温与水位、自定义灯光、音乐和香薰疗法，这样的设定还可以有记忆功能，可以将使用者的喜好进行存储。

6.4.2 淋浴屏

① 淋浴屏安装尺寸不宜小于900mm×900mm，净空不应小于800mm×800mm。淋浴屏内的花洒等不宜占用过多空间。

② 淋浴屏门的开启方向应方便进出淋浴屏，且不易被碰撞。

图6-17 淋浴区老人座凳设置　　图6-18 部品细节　　图6-19 在淋浴空间外合理设置座凳

③ 淋浴房通常会考虑成品大理石门槛（加厚40mm）、玻璃平开门（10mm钢化处理）。为了长期使用，最好不要考虑过于厚重的淋浴屏。

④ 淋浴房内还可以考虑设置成品座凳、助力扶手等装置，方便老人使用。

6.4.3　坐便器

① 坐便器选型时，坑距应与实际相符合。应对表面污物冲刷能力、对轻物和重物的冲洗能力等进行试验。水箱内配件必须质量可靠。

现代的坐便产品在材料环保、智能控制方面可谓日新月异。很多产品都增加了自动智能清洗（节水）、强力除菌、自动缓降翻盖（避免噪声）、智能光感夜灯、温暖坐圈等功能，当然，这些都要配合合理的设备选型、电气配置。

② 坐便器的安装宽度不宜小于800mm，采用大规格产品的，应参照产品说明书确定最小安装宽度。坐便器附近墙面宜预留助力器所需安装空间。

图6-20　日新月异的坐便产品

③ 坐便器附近安装纸巾架，应方便拿取纸巾，且不会被花洒淋湿。

④ 坐便器上方可以安装毛巾架，其凸出墙面的宽度以不碰头为准。

6.4.4　洗脸台

① 洗脸台台面高度一般为750～850mm，选用台上盆的，盆口顶标高不宜超过850mm。台盆龙头的出水方式应减少溅水可能性，避免碰撞。

② 细节的面盆设计，应该是R5面盆圆角处理，保证安全美观，其次是2mm高的挡水边，解决台面积水的烦恼。

③ 台面板靠墙一侧宜设置挡水沿，挡水沿上口打耐候胶或中性防水玻璃胶。

④ 台下柜宜架空，并比台面宽度小30～50mm，以增强防潮能力，同时方便残疾人士使用。柜门宜考虑通风，如图6-21、图6-22所示。

⑤ 下水口应对准楼板（或墙体）上的排水孔，避免出现过多横向走管的现象，方便柜体内存储。

图6-21　台下柜设置

图6-22　台下柜空间利用

6.4.5　梳妆镜和镜柜

① 梳妆台所在墙面应设置梳妆镜，镜框接口部位油漆容易脱落，应选用质量可靠的产品。四周用中性防霉玻璃胶密封。

② 宜设置镜柜。根据人性化的尺度，从地面至镜子中心 1400~1500mm 为适宜的安装高度。镜柜的深度净空不宜小于120mm。镜柜上的玻璃镜四周宜用不锈钢、铝合金或塑料封边条封边，防止镜子生锈和崩角。

更高级的选择是设置三面组合的镜柜，两侧柜门为外开—内折的镜子，方便客户多角度照镜子。不要小看梳妆镜，很多产品研发方向已经看准了卫生间这个和人体健康（新陈代谢）关系最为密切的空间，他们把镜子通过无线的方式连接到电脑，这样的镜子除了显示时间、天气、交通等信息之外，还可以随时跟踪人的身高、体重以及其他个人身体状态信息，有些镜子甚至已经在和人的互动上大做文章。

图6-23　两侧外开—内折柜门的镜柜方便梳妆

图6-24　创新的梳妆镜产品

6.4.6 毛巾架和搁架

卫生间内空间狭小，各种管井、管线设置复杂，应尽可能利用各种合理、可能的空间设置搁架、抽屉、五金件等收纳设施，充分解决各类物品分类收纳问题。

① 卫生间内应考虑设置毛巾架，其位置应避开人的视野盲区，宜保持良好通风，且不易被水淋湿。

② 卫生间洗浴区内应设置搁架，通常至少设置两层三角玻璃架，使各种洗浴用品摆放整齐，使用方便。

③ 毛巾架的位置推荐安装高度是距离地面1200~1300mm，或距离台面500mm以上的位置。因为毛巾的长度约为800mm，而安装距离在400mm以下的

图6-25 卫生间的毛巾架和搁架

话，毛巾会接触到台面（参考毛巾尺寸340mm×850mm）。如果是环形毛巾挂，则以环径下端为测量标准。

④ 浴巾架要预留1700mm以上的高度。因为浴巾架尺寸较大，存在人体撞击而导致受伤的可能。

图6-26 卫生间毛巾架设置　　　　**图6-27 利用各种空间合理设置毛巾架与搁架**

⑤ 卷纸器和遥控器（卫洗丽）安装在合理的位置，便于使用（高700mm 间距210mm）。

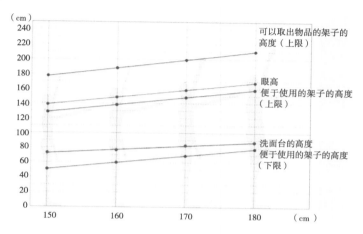

图6-28 卫生间标准身高与物品摆放高度示意图

图6-29 卫生间内可考虑设置书籍报刊架和红酒架等

⑥ 同时，还应为业主的一些个性化的收纳装置提供空间和设施上的预留条件。

表6-3 小五金设计安装规则参照表

名称	安装位置	备注
台盆龙头	洗脸盆上对应的开孔位置	台盆安装式
	洗脸台面，与台盆中轴线对齐	台面安装式
	墙面安装，一般保持水喉出水口高度距离台盆上沿距离在60~100mm，建议安装高度为距离地坪完成面950mm、1000mm、1050mm，根据龙头型号和外形进行尺寸调整，与台盆中轴线对齐	墙面安装式
浴缸龙头	墙面安装，与浴缸中轴线对齐，花洒安装高度2000mm或者2100mm，龙头安装高度750mm或者800mm	固定式花洒，墙面安装式

名称	安装位置	备注
浴缸龙头	墙面安装，与浴缸中轴线对齐，滑杆上端口安装高度2000mm或者2100mm，龙头安装高度750mm或者800mm	带滑杆花洒，墙面安装式
	花洒盘出水口高度2200~2300mm	热带雨林花洒盘具体淋浴硬管的安装高度应当按照花洒盘的出水口高度，结合硬管形状确定
	浴缸指定位置	浴缸上安装的缸边龙头
	浴缸安放平台上靠近浴缸下水位置	台面安装缸边龙头
毛巾架	坐便器正上方，离地高度1700~2000mm	
	安装在淋浴房或者浴缸所在墙面，与地漏位置相反，正对浴缸或者淋浴房中轴线，离地高度1800mm	
毛巾环	台盆所在墙体侧面，高度1500mm，与墙角的水平距离300mm	不能与镜箱开启扇冲突，不能与墙面的开关插座冲突
毛巾环	台盆柜侧面，距离台盆柜完成面下方100mm，针对台盆柜侧面中轴线	下方不能有手纸盒
	台盆正对墙面，安装高度1500mm，离开镜面或镜箱外框150mm	
手纸盒	坐便器两侧墙面，离地高度600~700mm，距离墙角150~600mm，同时应注意尽量避免安装在砖石缝隙处	手纸盒与墙角的距离需根据侧墙长度确定，侧墙长度不超过900mm的情况下，安放在墙中线；侧墙长度超过900mm，则距离墙角600mm
	坐便器所在墙面，离地高度600mm，距离坐便器中线300mm	

住宅建筑大约需要40000多个部品部件，而卫生间和厨房的产品和设备就占到了70%。小小的厨卫体系，涵盖建筑、结构、水、电、暖、气等各个专业，涉及行业包括勘察设计、五金、化工、塑料、电器、木材、家具、高分子、新能源等。但是，以目前国内市场上的卫浴产品为例，每家制造企业仅铸铁浴缸的型号就多达几十种，少的也有十多种，每家企业之间的产品规格都不尽相同，并且缺乏互换性，造成设计上难以协调，部品与建筑主体、部件与部件之间的衔接和配合缺少合理的规则，这些都是亟待关注和解决的问题。只有大力强调精细化、模数化、标准化、系列化的设计手段，才能提高建筑与部品、部件和部品的互换性，减少装修材料的切割和浪费，大幅度提高整体住宅装修行业的品质感和"绿色度"。

第 7 章
精细化厨房设计

　　厨房是家政活动的重要场所，也是成品住宅装修设计的重要环节之一。而作为全装修交房的"一揽子"解决方案，厨房的室内设计要努力满足客户功能需求。同时，从美观性来说，由于全装修可以从设计前期介入，统揽建筑、结构、水、电、气、热力等各个专业，并综合考虑硬装（墙、地、顶部装修）、橱柜家具、厨房电器设备等各种因素，所以，相对于毛坯房装修，可体现其整体设计、统筹协调、整体实施的绝佳优势。

　　根据调研统计，一个普通家庭每天花在厨房里面的时间大约为3.5个小时，其中45%用于清洗，35%用于烹饪，15%用于收纳，余下的5%用于厨房中的等待、调整时间。由此可见，真正用于烹饪的时间只占三分之一，其余都在洗菜盆、砧板、锅碗瓢盆之间来回奔走，手忙脚乱中耗费了不少时间。因此，从实际功能层面上来说，家政工作更需要一个动线布局合理的厨房，不但满足洗、切、炒的合理流线，而且要存、取物品方便，油烟、污渍容易清洗。

7.1 厨房的基本功能需求

　　一般合理的烹饪操作动线是准备—洗涤—调理—加热—装盘—储藏—上菜，厨房内的功能设计应尽量与操作动线一致。我们通过大量客户行为模式的调研，发现了一些现有厨房空间普遍存在的问题。

　　（1）油烟

　　由于饮食习惯原因，油烟是现有中国家庭的厨房中始终存在的问题。厨房中的油烟难以清洗，清洗后复脏率高，造成了各种厨具以及家电的污染，也给人在厨房的操作过程带来不好的心理感受。

　　（2）垃圾

　　国人餐饮习惯复杂，厨房中的垃圾多带汤汁，也可能会有滴水、滴油的情况，而且这些垃圾必须在当天进行处理。同时，让垃圾桶暴露于厨房空间中有碍美观，但如将其藏在橱柜当中，不但操作不便，而且会给操作者心理上造成一定的影响。有些垃圾是非液态的垃圾，有一定的体量，若是直接倾倒于洗涤池内往往导致管道堵塞，修理、清理都非常麻烦。

　　（3）切理

　　切理的环节所用到的厨具会视做菜的数量及方式而定。当菜的数量较多的时候，会频繁使用到各种工具，比如刀具、打蛋器等，从而出现物品摆放杂乱、无处可放的情况，更加不便于操作。

（4）烹饪

烹饪中也会出现因操作较多工具，做完菜后无适当的放置地点的情况，会使台面更加杂乱无章。此外，做菜时由于怕油烟影响到其他空间，往往会将厨房门关闭，如果灶台位置不当，则开窗会吹灭灶火，而不开窗又会给操作者健康带来负面影响。

表7-1　厨具一览表

物品	数量	尺寸（mm）	摆放、储存位置描述（按使用频率）	摆放、储存方式描述
炒锅	1	直径350，高150	适宜放于煤气炉灶周围，手能够轻松拿取的位置，靠近洗涤池	适宜采用平放的方式
面条锅	2	小：直径200，高190 大：直径300，高300		
高压锅	1	直径230		
汤锅	2	直径300，高300		
砂锅	2	直径160，高260		
陶罐	1	直径160，高230		
蒸锅	1	直径230		
锅铲	1	宽100，长400	适宜放于煤气炉灶周围，手能够轻松拿取的位置，靠近洗涤池	适宜采用悬挂的方式以节省其他使用空间并方便拿取
木铲	1	宽60，长300		
汤勺	1	直径60，长330		
漏勺	1	直径60，长330		
打蛋器	1	直径50，长160	适宜放于洗涤池周围，手能够轻松拿取的位置。	
刀具	2	宽70，长245		
砧板	1	宽280，长380		

（5）储存空间利用

储存空间不充分，远远不能满足实际家居需求，是目前厨房设计中最为常见、也是最大的问题。另外，由于设计尺度问题而造成存取不便，也容易造成存储空间的浪费，比如橱柜中的吊柜使用率往往较低，若不是借助其他工具，存取物品非常不便。

表7-2　需要储存的食品、物品清单

物品	数量	尺寸（mm）	摆放、储存位置描述（按使用频率）	摆放、储存方式描述
精盐	1		使用频率高，应该围绕炉灶放置/储存，能够轻易拿取	适宜采用悬挂和平放的方式存放
味精	1			
胡椒	1			
酱油	1	直径60，高230		
醋	1	直径60，高230		

续表

物品	数量	尺寸（mm）	摆放、储存位置描述 （按使用频率）	摆放、储存方式描述
蚝油	1			
生抽	1	直径60，高230	使用频率高，应该围绕炉灶放	适宜采用悬挂和平放的方式
老抽	1	直径60，高230	置/储存，能够轻易拿取	存放
料酒	1	直径60，高210		
腌制食品			使用频率较低，可利用边角位 储存	适宜采用平放的方式存放。
药类配料				
面粉			使用频率高，应该围绕炉灶放 置/储存，能够轻易拿取	适宜采用平放的方式存放
五谷杂粮				

表7-3　需要储存的洁具/杂物清单

物品	数量	尺寸（mm）	摆放、储存位置描述 （按使用频率）	摆放、储存方式描述
洗洁精	1	直径60，高250		
消毒液	2	直径70，高210		
洗碗布	1			
抹布	2		使用频率高，应该围绕洗涤 池存放，并且是能够轻易拿 取的位置	适宜采用悬挂和平放的方 式存放
垃圾桶	2	300×200		
锅刷	1	长270		
纸巾	6	200×110×60		
扫把套装	1	长26，宽30，高800		
拖把	2	长1650，宽440，高285	使用频率高，可以利用北阳 台的空间存放，利于保持餐 厨空间的洁净整齐	适宜采用悬挂和平放的方 式存放
备用拖把头	1	长190		
清洁剂	1			
牙签			存放于油烟相对较小的地方， 同其他杂物位置类似，但必 须注意洁、污分开放置	适宜采用平放的方式存放
电线、电源				

　　因此，合理的厨房设计，应以将物品合理对应到相应的行为操作区域为原则。例
如，备餐区域的行为有摘菜、切菜、洗菜、做简单的早餐或拌熟食等，那么，与其相
关的物品应按照行为的操作流程放置于该区域。同理，烹饪区域里应储存与其相关的
物品，例如锅、铲、调味品等。同时，考虑到油烟因素，可将非烹饪物品尽量放置于

冰箱及洗涤区域。还有，设计完备的储物空间，常用、不常用的锅碗瓢盆都有分别放置的区域。

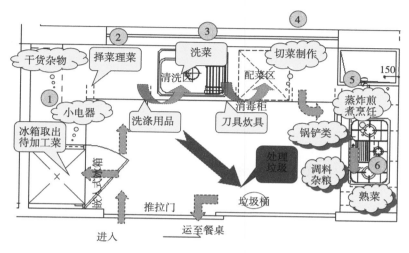

图7-1　厨房动线示意图

表7-4　不同客户的厨房使用功能细分表

功能	细分行为	对应材料、部品	首次置业	改善置业
洗涤	食物清洗	水槽	★	★
	碗碟清洗	水槽龙头	★	★
	洗涤液存放	皂液器		★
		小厨宝（插座）		★
		置物架		★
	洗手	燃气热水器		★
配切	择菜	水槽	★	★
	配菜	沥水篮		★
	切菜	砧板		
	等待	台面	★	★
		工具架		★
		刀架		★
烹饪	炒菜	灶具	★	★
	加调料	油烟机	★	★
	装盘热菜	电饭煲	★	★
	加热剩菜	微波炉		★
	蒸煮饭	烤箱		★
	烤食物	调味架		
	倒饮料	调味拉篮	★	★
		饮水机		
		榨汁机	★	★
		电热水壶	★	
收纳	餐具收纳	橱柜拉篮		★
	厨具收纳	五金挂件	★	★
	调味品收纳	橱柜	★	★
	食物储藏	调料架	★	★

功能	细分行为	对应材料、部品	首次置业	改善置业
收纳	衣物挂放	调味拉篮		★
	垃圾处理	橱柜吊柜、地柜		★
	饮用水收纳	衣物挂钩		
		垃圾桶		
		垃圾粉碎机		
		饮水机		★
娱乐	看电视	电视插座		★
	接打电话	电话插座	★	★
	控制安防	安防控制终端	★	★
清洁	挂抹布	五金挂件	★	★
	放置扫把			★

7.2 厨房的常用尺寸及配置标准

厨房的设备布置宜按烹调操作顺序安排,以方便操作,避免走动过多。原则上,宜将冰箱、洗涤池、炉具形成一个三角形,方便操作,减少路线迂回。三边之和以4.6~6.7m为宜,过长和过小都会影响操作。在操作时,洗涤槽和炉灶间的往复最频繁,建议把这一距离控制在1.2~1.8m较为合理。

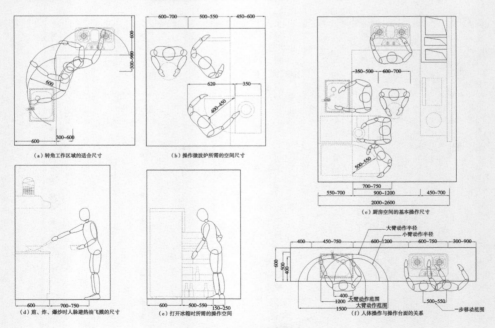

图7-2 厨房常用尺度

平面布置除考虑人体和家具尺寸外,还要考虑家具的活动尺寸。

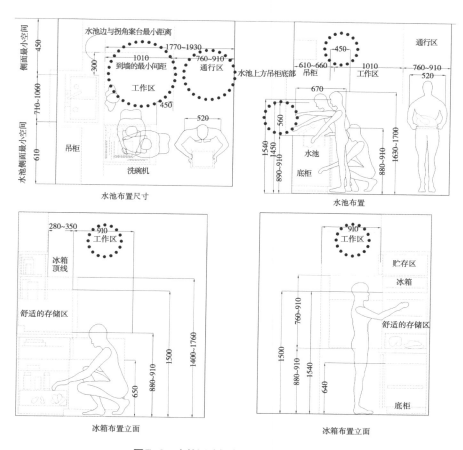

图7-3　人的活动与家具尺寸之间的关系

　　综合以上日常生活的场景化需求,我们将厨房的设计尺寸大体归结为经济型、普通型和舒适型这三种类型,并对其设计原则及关键尺寸进行了标准化分解。

表7-5　不同标准的厨房尺度量化表

类别	量化标准		备注
经济型厨房	面宽:不小于1500mm		冰箱尽量入厨,也可外置。适合90m² 以下小户型
	进深:不小于3500mm		
	面积:5.25m²		
	面宽:不小于1500mm		
	进深(冰箱外置):不小于2800mm		
	面积:4.2m²		

续表

类别	量化标准		备注
普通型厨房	面宽：不小于1800mm		冰箱尽量入厨，也可外置。适合90~130m² 户型
	进深：不小于3000mm		
	面积：5.4m²		
	面宽：不小于1800mm		
	进深（冰箱外置）：不小于2300mm		
	面积：4.14m²		
舒适型厨房	面宽：不小于2400mm		冰箱不可外置。适合130m² 以上户型
	进深：不小于3000mm		
	面积：7.12m²		
	面宽：不小于2100mm		
	进深：不小于3000mm		
	面积：6.3m²		

7.3 厨房室内设计的原则与标准

7.3.1 设计原则

① 厨房应采用合理、规范的布局。比如，通常厨房内应考虑预留宽度700mm的冰箱位，有些三居室以上的大户型可考虑双开门冰箱的设置。冰箱与灶台之间需要有操作台或水槽分隔。另外，冰箱应带独立的回路，这样可避免全家外出时，因关掉总开关冰箱也不得不同时断电的情况。

② 推荐选择那些特别符合国情的厨房设备。我们经过大量的客户调研及项目实践，发现800mm×500mm×210mm的超大单盆水槽并加设一个用于存放洗碗用品的小不锈钢筐（见图7-4），非常易被客户接受，特别是对于中国家庭那种42cm直径的大炒锅，超大单盆可以有效避免油污水溅上台面。另外，200瓦的大功率抽油烟机，以及不锈钢灶台背板，因为便于油烟的清洁，外观时尚，在环保、节能、安全等方面都有充分考虑，也受到国内客户普遍的偏爱。

③ 建议多考虑新设备，不断提升厨房活动的趣味性和舒适度。比如，集成智能化系统就是一个与时俱进的内容。很多项目可考虑配置智能化识别系统与可视终端系统，客厅与厨房的末端皆与大堂入口处的监视终端连接。值得一提的是，厨房可视终端系统同时具备

可视对讲、电话、电视、DVD等功能，不但为居住者提供安全保障，更让烹饪过程充满乐趣。

図7-4　超大单槽水盆　　　　　　図7-5　不锈钢灶台背板

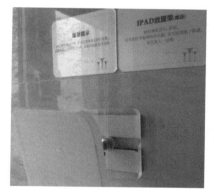

图7-6　厨房设置网络终端　　　　图7-7　厨房设置智能管理终端

④ 尽可能地为整体厨房设计提供更为充分的条件。比如，带工作阳台的厨房，可尽量将燃气表移至工作阳台。

7.3.2　硬装界面

（1）墙面

厨房的墙面是装修的重点，宜采用耐污性能比较好的花岗岩、大理石或瓷砖。为防止勾缝部位积垢，不宜采用马赛克等缝隙过多的品种。同时，墙砖的吸水率应高于国家标准要求，防止在墙脚部位返潮，出现色差。橱柜地柜背后如不贴瓷砖时，应增加防潮层。吊柜背后不贴瓷砖时，应用水泥砂浆抹平。厨房空间尺寸较小时，墙砖宜横贴，以增强横向空间尺度感。当尺寸偏差超过0.5mm时，不宜采用无缝砖，可以采用鸡嘴缝等装饰手法弱化尺寸偏差的影响，提升观感。室内装修设计应为厨房的墙面设计排砖图，并规定好开线位置，避免出现过小的不整砖，增加材料损耗。当排砖设计恰好为整砖时，应考虑结构施工的误差，避免实际施工时不可避免地出现小条砖。此外，还应注意墙上的开关插座位置，宜相对于一块墙砖居中布置，避免跨两块或多块砖而增加实施的复杂度。

（2）地面

厨房地面应采用耐污及防滑性能较好的瓷砖，不应采用颜色过浅、表面纹理过于复杂的瓷砖。当设计为花岗岩地面时，应选取坚硬致密、防污能力强、颜色较深的花岗岩，同样不宜选用颜色浅、防污能力弱的花岗岩或者大理石。此外，橱柜低柜下方的地面宜设略微向外的坡度。

（3）吊顶

厨房的吊顶可考虑用具有一定的装饰效果，并有较好的防污、防锈能力的材料。比如铝扣板天花，不易变形，且方便清理。吊顶净高不宜小于2200mm。吊顶上方的梁、各种管道底标高应统筹考虑，不能过低。另外，还应注意吊顶上设置排气扇时，使用单独的龙骨固定，以减少震动。如果涉及燃气热水器等设备，还要注意在吊顶上设置相应的检修口。

7.3.3　设备要求

7.3.3.1　电气配置设备

（1）电器预留空间

厨房台面上设有多个电器电源位置，在家煲饭、煨汤可同时进行，节约时间且轻松从容。布局应实行避火防水的原则，确保使用安全。有老人和小孩的家庭消毒柜是少不了的，在橱柜底柜预留有消毒柜的空间及电源，日后需加装消毒柜的客户，只需拿掉门板再放置消毒柜即可。

（2）插座设置

对于厨房内的插座设置，可遵循以下原则：

① 厨房插座一般要考虑8~10个，对应电器定位。此外，厨房内应设置带开关的插座，以避免湿手插拔开关造成的意外事故。

② 油烟机、微波炉、热水器、消毒柜插座均可隐藏在橱柜中。

③ 插座底边距地面1050~1300mm（原则以不压砖缝线为准）。

④ 总开关设置在厨房外，厨房门边。

表7-6 厨房开关、面板设置参照表

房间	插座类型	数量	用途或位置	备注
厨房	2P	1个	油烟机	高度1800~2100mm，位于油烟机中心偏右60mm
	2P	1个	消毒柜	灶具下方柜体一侧，高度600mm，距灶具中心位置450mm，即使配置没有消毒柜，也应布置该插座
	2P	1个	灶具	与消毒柜插座相邻
	2P	1个	热水器	防溅水插座，高度1450mm，安装于热水器柜内
	2P	1个	冰箱	放置在预留的冰箱位置即可
	2P	1个	煤气报警	当采用液化石油气时，插座高度为300mm
	2P	4个	备用	每两个一组，其中至少一个带开关，安装高度1050mm/1300mm，放置在厨房低柜上，距离灶具中心距离不小于750mm，距离水斗中心距离不小于600mm

（3）室内灯光

很多时候，我们的眼睛会蒙蔽自己。以橱柜为例，其在家居商城内的展示效果往往相当震撼，但实际购买安装后却发现效果不过尔尔。其实，营造氛围有两大要素：空间以及灯光。展厅中的成品橱柜一般设计得很大，单个展位的展示面积都在20m²甚至更大。但是，普通住宅的厨房有这么大的空间吗？要知道，一般公寓的厨房面积在5~8m²左右，即便是别墅也很难超过20m²。同时，居家的灯光和展厅的灯光也是不能相比的，厨房毕竟是一个烧火做饭的地方，很少有人会在厨房里布置射灯、轮廓灯带，最多装装吸顶灯，以及在操作台上、吊柜下面安装灯源。通常，厨房的整体照度不应低于50～100勒克斯，加强照明的照度不应低于200～500勒克斯。自然照明主要针对洗涤和切菜区，以增加操作者的愉悦感。整体人工照明宜为中性偏暖光源，如需要局部加强照明，建议增加在水槽和灶台对应的区域；也可以考虑橱柜吊柜下部设灯带，补充操作台面光源，使烹饪环境更体贴。局部照明可为冷光源，避免灼热感，并且其色温应能正确反映食物的颜色。柔和的顶灯照明，光色温暖，能让人烹调时有好的心情。顶灯的定位一般要在除去开启吊柜所占空间平面的中心位置。在灯具选择上，节能光源在满足光照的同时兼顾节能。还宜选用嵌入式灯具，即灯具底面与吊顶表面齐平，既美观又易清洁。

7.3.3.2 水路设备及燃气管道预留要求

厨房水槽尽可能布置在窗下。水槽和燃气热水器下设冷热水管。燃气管道的走向对安全有重大影响，同时还直接影响厨房的布局和橱柜的使用效率。燃气管道的附墙件、穿墙孔、燃气表附近的走线会直接影响厨房室内墙面美观，设计时应予以综合考虑。燃气管道及设备的设计必须遵循当地政府规定。

7.3.3.3 燃气表

燃气表的位置多是由燃气设计院直接设计的，因此对于室内装修设计而言，燃气表的位置相对不可移动。然而，在精装室内设计的初期是没有燃气设计院进行深化设计的，所以燃气表的位置往往会成为精装设计师对于厨房空间布置的困扰。不过，正是因为有此困扰，才更需要室内装修设计师的经验来确定燃气表在厨房的合理位置。在有条件的情况下，需要提早向地方燃气设计单位咨询并与之沟通，进而进行厨房的设计深化，如预留位置安全合理，则可供燃气设计院直接按照精装设计师放置燃气表的位置布置，同时也充分满足室内布局。

燃气表位置的基本要求：

① 燃气表宜安装在室温不低于5℃的干燥、通风良好又便于查表和检修的地方。

② 燃气表的位置尽量靠窗，方便燃气管接入厨房。

③ 燃气表的安装高度应符合以下要求：

a. 高表位表底距地面大于或等于1.8m；

b. 中表位表底距地面1.4～1.7m；

c. 低表位表底距地面不少于0.1m。

居民用户燃气表的安装以高、中表位为宜，一般只在表前安装一个旋塞。多表挂在同一墙面时，表与表之间的净距应大于15cm。

图7-8 燃气表设置

④ 燃气表与下列设备的最小水平投影净距要求如下：与砖烟囱0.3m，与金属烟囱0.6m；与家庭灶0.3m，与食堂灶0.7m；与开水炉1.5m，与低压电器1m。

⑤ 如室内精装设计要求燃气表设置在橱柜之内时，则需考虑在橱柜预留通风口。

⑥ 燃气表附近需预留一个距地500mm的强电插座，是给燃气切断阀使用的。

7.3.3.4 燃气泄漏探测器

燃气泄漏探测器的作用是检测空气中燃气浓度，一旦燃气泄漏，可快速感知，再传导至燃气切断阀切断气源，从而保障用户安全。燃气泄漏探测器的种类应根据燃气种类选择设备，安装高度也不同。燃气泄漏探测器位置为距离气源半径 1.5 米范围内，通风良好处。由于天然气、城市煤气比空气轻，因此燃气泄漏探测器应安装在距天花板约 300mm 处，旁边需留强电插座。特别要注意避开不适宜安装报警器的位置，比如墙角、柜内等空气不易流通的位置，还有易被油烟等直接熏着的位置。

图7-9 分集水器

7.3.3.5 分集水器

分集水器是指在地采暖系统中，用于连接采暖主干水管的装置，分为分水器和集水器两部分。在地暖系统中，分水器是用于连接各路加热管供水管的配水装置；

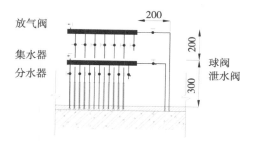

图7-10 分集水器示意图

集水器是用于连接各路加热管回水管的汇水装置。分集水器一般尺寸宽度在 300~600mm 之间，高度约 700mm，往往占用空间较大，故需要室内设计师以隐藏手法优化处理，特别是优化到厨房空间时，需优先考虑。

分集水器需满足以下要求：

① 需放置在离入户门较近位置，方便集水器水管施工。

② 建议优先放置于厨房燃气灶下方空位，方便隐蔽，亦可正常使用。因其高度会与玄关放置鞋的功能产生较大冲突，因此不建议放置在入户玄关柜内。

③ 分集水器需在附近高 500mm 处预留线盒一个，方便连接分集水器及温控开关。

7.4 厨房重点及要点设计

7.4.1 橱柜布置

厨房之中的重点是橱柜，而橱柜的重点则是以客户需求为产品研发的根基，以"组织工效学"的概念,设计出最符合人体工程学的厨房空间控制分区和功能强大的多用途空间。具体来说,就是将厨房空间划分为多个合理、专门的工作区域,譬如清洗区、食品准备区、烹饪区、存储区,甚至包括展示区、临时就餐区等。通过这样的分类,可以将厨房复杂的生活需求理性地归纳为设计标准,而面对不同的产品和客户需求,也便于根据各个区域的特性来选择、组合成最适宜的橱柜。

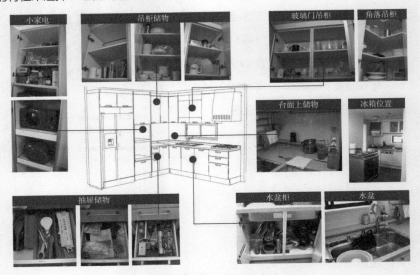

图7-11　住宅整体橱柜使用空间调研之一

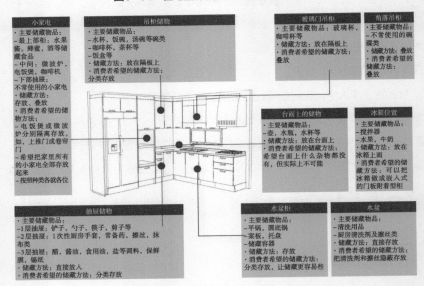

图7-12　住宅整体橱柜使用空间分析之一

整体橱柜的功能可细分为橱柜、吊柜、地柜，另外还涉及小厨房家电收纳、橱柜拉篮、碗碟收纳、垃圾桶、垃圾粉碎机、微波炉位、电饭煲、榨汁机、电磁炉、豆浆机、电水壶、消毒柜位、米桶、筷架、冰箱位。将如此众多的功能排置妥当，是有效设计的落脚点。然而，市场上有些橱柜产品的开发很容易陷入误区，譬如片面效仿欧美产品的外观风格。另外，最大的问题就是厨房储藏空间不能按中国厨房生活的需求进行设计，造成有空间没法用，有东西没地方放的尴尬局面。我们经过大量实地调研，对客户关注的整体橱柜需求进行了收集。

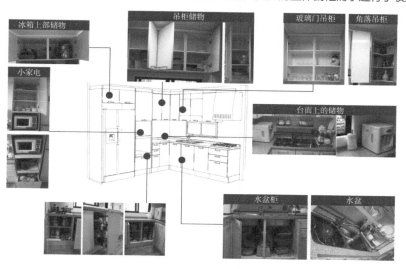

图7-13　住宅整体橱柜使用空间调研之二

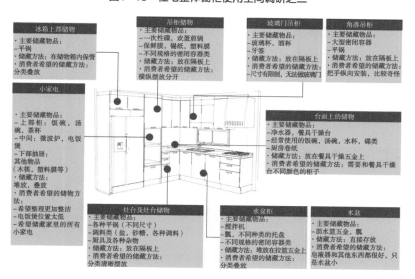

图7-14　住宅整体橱柜使用空间分析之二

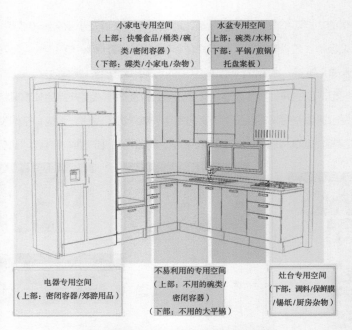

小家电专用空间
（上部：快餐食品/桶类/碗
类/密闭容器）
（下部：碟类/小家电/杂物）

水盆专用空间
（上部：碗类/水杯）
（下部：平锅/煎锅/
托盘案板）

电器专用空间
（上部：密闭容器/郊游用品）

不易利用的专用空间
（上部：不用的碗类/
密闭容器）
（下部：不用的大平锅）

灶台专用空间
（下部：调料/保鲜膜
/锡纸/厨房杂物）

图7-15　常见的整体橱柜储物内容归类

7.4.1.1　整体橱柜各分区的布置要点

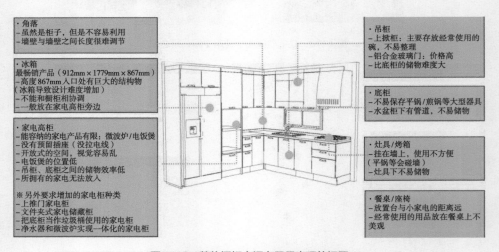

·角落
-虽然是柜子，但是不容易利用
-墙壁与墙壁之间长度很难调节

·冰箱
最畅销产品（912mm×1779mm×867mm）
-高度867mm入口处有巨大的结构物
（冰箱导致设计难度增加）
-不能和橱柜相协调
-一般放在家电高柜旁边

·家电高柜
-能容纳的家电产品有限：微波炉/电饭煲
-没有预留插座（没拉线）
-开放式的空间，视觉容易乱
-电饭煲的位置低
-吊柜、底柜之间的储物效率低
-所拥有的家电无法放入
※另外要求增加的家电柜种类
-上推门家电柜
-文件夹式家电储藏柜
-把底柜当作垃圾桶使用的家电柜
-净水器和微波炉实现一体化的家电柜

·吊柜
-上掀柜：主要存放经常使用的
碗，不易整理
-铝合金玻璃门：价格高
-比底柜的储物难度大

·底柜
-不易保存平锅/煎锅等大型器具
-水盆柜下有管道，不易储物

·灶具/烤箱
-挂在墙上，使用不方便
（平锅等会碰墙）
-灶具下不易储物

·餐桌/座椅
-放置台与小家电的距离远
-经常使用的用品放在餐桌上不
美观

图7-16　整体橱柜空间布局易出现的问题

（1）电器区

微波炉、电饭煲和电热壶等电器集中放置于僻静角落，使电源插座集中，功能集中，不影响其他操作。

（2）冰箱

冰箱安排在靠门位置，为厨房内外取物提供了便利。同时，整体橱柜在冰箱柜子适宜部位设散热通风孔。

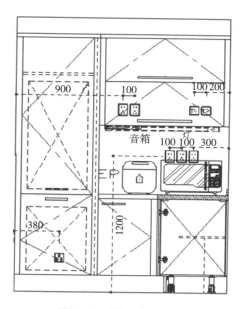

图7-17　整体厨房侧立面

图7-18　橱柜侧立面设置

7.4.1.2　厨房区域功能配备意向

（1）吊柜

放置玻璃器皿、不常用碗碟和家用电器。

图7-19　吊柜的有效利用之一

图7-20　吊柜的有效利用之二

（2）角柜处

可放置不常用的砂锅、气锅等杂物。同时，建议抽屉内放置木耳、粉丝、香菇、干贝、挂面、黄花菜等日常干货用品。这样做的主要优点是距离冷热水和准备台近，便于取物和操作。

图7-21　整体橱柜角部空间的利用

图7-22　利用五金件放置大锅及杂物

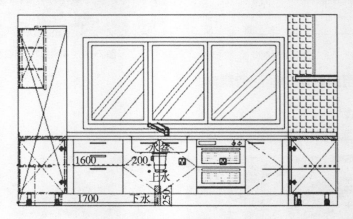

图7-23　整体橱柜正立面图

（3）准备台下方

放置餐具和不常用盘碟等用具。

优点是在操作中准备台的下面内放置物品便于协作择菜理菜环节。

至于准备台下方的电器设备，通常有洗碗机、消毒柜、垃圾处理器等可以考虑，虽然选项很多，但具体选择还应慎重。首要原则还是要根据客户的真实需求而定。如果洗碗机和消毒柜都配，往往没有太多空间而且成本较高。而目前建筑设计标准中，通常只是安排了厨房下水，如果安装洗碗机，还需要一个独立的下水管道才可避免与洗菜排水冲突。此外，厨余垃圾占居民日常生活垃圾总量的70%左右，垃圾处理器其实是非常实用的，但目前的问题是垃圾处理器需要配备大口径的下水道，不然仍有堵塞的风险，而目前国内部分住宅排水立管的最大排水能力，恐怕还要追溯到前苏联时代的设计参数。

图7-24　整体橱柜正立面设置　　　图7-25　整体橱柜正立面分类收纳

（4）操作台

　　水池下面的柜子适合放置洗菜盆。关于水池下面放置垃圾桶的问题，虽然美观，但考虑到普通人的生活习惯，这样设计不卫生，有气味，所以实际使用当中还是避免隐患，放置外置垃圾桶的情况居多。操作台上的墙面适合放置案板刀具类，拿用方便。

图7-26　放置在洗菜盆的择菜、备餐区的移动垃圾处理装置，可滑动折叠，更方便卫生

（5）灶台

　　灶台柜下方放置拉篮式调料架易于炒菜时使用。灶台柜下和拐角柜处宜放置高压锅、炒锅、平底锅、蒸锅、饼铛等锅类，易于拿放，便于烹饪。

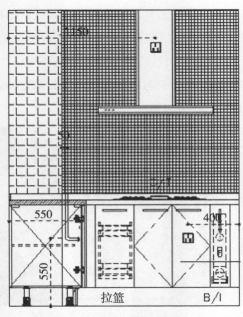

图7-27　整体厨房灶台立面

图7-28　多功能橱柜拉篮设置

（6）灶台左侧边墙

　　放置调料瓶和纸抹布等用具易于拿放，但有时可能易染油污，不易清洗，因此，只保留纸抹布会比较合理。此外，抹布建议放置在灶台和择菜台的通长不锈钢拉手处晾挂，易于使用。

图7-29　台面五金件设置

图7-30　台面五金件与橱柜、墙面
　　　　的连接细节

7.4.2　橱柜柜体

根据中国人的体形特点，橱柜地柜的高度（含台面）在80cm左右比较合适。常见的调整脚高度为10cm（目前成品PVC或铝质踢脚板的高度以10cm最常见），台面厚度为4cm，柜体高度一般为65cm，略高一些的为71.5cm。因此，橱柜高度＝调整脚＋柜体＋台面。所以一般存在两种可以选择的地柜高度：A、10+65+4=79cm；B、10+71.5+4=85.5cm。

目前，普通住宅很多室内净高在2500mm左右，根据普通人的平均身高和操作习惯，高于180cm以上空间利用率较低。如果要保证吊柜便于使用，应该降低高度以方便取物。同时，吊柜的悬挂位置还涉及油烟机问题。油烟机的吸力大小与高度有关，挂得越高效果越差。很多家庭把地柜高度确定在85cm左右，油烟机悬挂位置距离台面75cm，其实这个高度操作并不方便，容易撞头，抽油烟效果也不好。标准的油烟机悬挂位置应该距离地柜（不含台面）52cm/65cm，超过这一高度，油烟机的效能就无法有效发挥。所以，吊柜的高度一般有65cm/78cm/91cm，最终根据厨房吊顶的高度来确定。橱柜地柜深度（包括台面）一般在60.5cm左右。其中地柜深度为56cm，吊柜深度为32cm。还有一种地柜深度为71cm。

橱柜的内部建议设置可调层板，便于客户根据需要自由调节。同时，要利用好独立水盆柜的收纳空间，在其中使用防水涂料喷涂，可以保证其防水防潮。橱柜角部应设计有防尘角，可以适当解决厨房细部清理困难的问题。

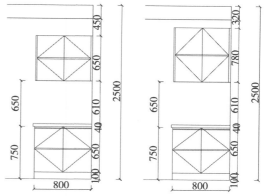

图7-31　橱柜尺寸示意图

在室内设计确定橱柜的布局时，需要注意下列问题。

① 灶具左右应保证至少30cm以上的空间。最好能有50cm。并根据操作习惯，确定不锈钢调料篮的位置。

② 靠近灶具的地方可以做抽屉或

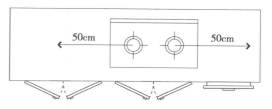

图7-32　灶具左右尺寸布置示意

者调料篮，以便于拿取工具。但是如果家里有幼儿，建议不要在灶具下安装三层抽屉，因

图7-33　地柜一侧尺寸布置示意

为孩子可能攀爬抽屉到灶台上，带来安全隐患。

③ 地柜的尺寸不要算得太死，要考虑到墙体的平整度误差。设计时，最好在橱柜和墙体间留有3cm以上，最好是5~6cm左右的空隙，这样可以把橱柜门全部打开。

工业化生产的橱柜都是标准柜体。常见的柜体有：30cm、40cm、50cm、60cm、80cm。体系化的装修一定要以标准化、产业化为基础，围绕这些标准柜体，门板规格只要四种就够了：30cm、40cm、50cm、60cm。30cm、40cm、50cm柜体分别使用对应尺寸的单门；60cm柜体使用60cm单门，也可以30cm×2的双门。80cm柜体采用40cm×2双门或30cm+50cm的双门；超过80cm以上宽度的柜体从强度上讲并不稳定，需要加装立板、立柱支撑，否则容易变形。90cm柜体，平分对应的门板是45cm×2，而45cm的门互换性能比较差。因此，常见的90cm柜体，基本上多用于灶具柜（只是对应90cm欧式烟机）。

目前，中国仅橱柜市场一年大约就有900亿元的份额，然而尚未出现一家企业能占据5%以上的市场份额。所以，未来橱柜设计应该更加关注消费者的使用习惯，根据中国厨房进行深度客户研究，全面深化产品设计，才会有更广阔的市场。

7.4.3　油烟机

目前市场上主要有两种油烟机，欧式和中式。其中，欧式的较为宽大，尺寸一般在90cm左右，还有120cm宽的。中式烟机一般80cm宽，还有部分是75cm、60cm宽，而烟机的尺寸和灶具尺寸是对应的。选择适合的油烟机最主要的考虑因素是厨房的尺寸，特别是悬挂烟机墙的长度。常见的厨房为矩形，橱柜一般为L形，靠窗部位一般放水槽，较长的墙面悬挂油烟机。如果厨房长度超过2.5m，可以考虑购买欧式烟机，如果超过3.5m以上，甚至可以考虑120cm的平板烟机。如果厨房长度小于2.5m，建议还是用75cm/80cm中式传统深罩机，这样显得更加协调一些。理由很简单，90cm的欧式烟机对于小厨房来说，简直是一个庞然大物，厨房长度2.5m，减去烟道宽40cm（高层为

70cm），烟机的宽度（包括留空部分）占据了墙面实际可利用部分的一半，视觉上会很不协调。按照黄金分割的观点，油烟机宽度占墙面长度的0.382比较合适。如果墙面宽度超过3.5m，烟机两边安装翻门吊柜，空间感就会很好。

7.4.4　燃气热水器

燃气热水器具有热效率高、加热速度快、温度调节稳定、可连续使用的优点，拥有一批固定的消费者。目前，市场上主要销售的是强制排烟热水器，这是较为安全的一种燃气热水器。

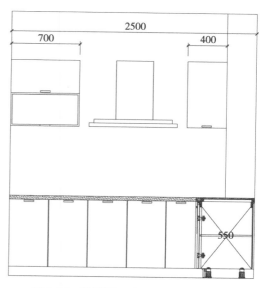

图7-34　整体橱柜及烟机尺寸布置示意图

燃气热水器安装注意事项：

① 燃气热水器的安装位置应保证使用操作、管路连接和维修的方便。

② 燃气热水器安装高度一般为1.6m左右，即点火孔与使用者眼睛大致同高。

③ 燃气热水器的供气、供水管最好使用耐油管，供水管应选用耐压管，软管的长度不超过2米，软管与接头应用卡箍卡紧，不得有漏气、漏水现象。

④ 燃气热水器的上部不允许有电气设备、电力明线和易燃易爆物质。热水器与电气设备、燃气表、燃气灶等火源的水平净距离应在0.5m以上。

⑤ 排烟管的长度最长不要超过3m，转弯不要超过2个，转弯角度不小于90度，转弯半径不小于90mm。排烟管出口应有向下3～5度的倾斜，便于冷凝水流出，并防止雨水倒灌。

⑥ 热水器须设置在剪力墙上，以避免施工时钻孔穿透墙体。

⑦ 安装燃气热水器的房间容积应大于7.5m³（即房间的长×宽×高），应设置不小于0.06m³的进气孔，热水器距周围的墙体和天花板应在50cm以上。

⑧ 热水器所用的电源插座应为250V/10A的单极三孔防溅插座，并且接地良好。

⑨ 除燃气热水器户外机，其他所有类型的燃气热水器必须安装烟管，并保证烟管的气

密性良好且通到室外（禁止接入公共烟道）。

⑩ 燃气热水器排烟管通过玻璃时，应在排气管和玻璃之间采用隔热保护措施，以免玻璃受热破裂。

以上林林总总不过是厨房的部分重点设备。有人说，看一个国家的设备制造水平要看厨房设施水准。确实，整体厨房完备发展的前提就是不同类产品的技术标准完美结合。而目前国内至少有五金行业、家具行业、家电行业等三股力量都在从自己行业角度出发制定厨房设备的产品标准，其行业标准与建筑设计以及厨房家电行业的标准并没有得到很好地协调。但随着住宅产业化和商品住宅的精细化、标准化趋势的发展，未来住宅建筑必将完成从装饰到部品一体化全装修的完美结合。

第 8 章
居家收纳设计

8.1 收纳概念简析

"收纳"一词源自日语，"收"有聚拢、收集之意，而"纳"则有归类、储藏的含义。对于批量成品住宅室内设计来讲，收纳作为一个重要概念，涵盖了系统收集、细化归类、合理存放这几个部分，其意义也超越了简单家居储物的含义。人在住宅中的生活行动，实际是发生在墙壁、家具、日用品的"剩余"空间之中。因此，有时候感觉拥挤了，很多情况下是指人的居住体验受到了家里的物品的挤压。通过大量的调研和统计，我们可以惊讶地发现，让我们"受挤压"的日用物品是如此之多（见表8-1）。而良好的收纳设计就是设法在有限的居室内创造尽量多的"空白空间"。

居家的收纳设计涵盖面之广，研究程度之深，足以自成体系。随着近年来广大群众对于生活品质要求的不断提高，特别是对国际通行的家居收纳状态的深入了解，行业对于精细的收纳设计也有了一定认知。然而，针对目前住宅建筑设计整体仍然相对粗放的现状，想要将普通几十平方米的户型，设计出多处甚至十几处合理、恰当的收纳空间，这样的精细程度仍不是一件易事。因此，为了明确收纳功能的主线，我们要从最容易入手的玄关收纳、居室收纳、公共空间收纳、厨卫收纳等几个关键点的设计开始。

表8-1　收纳需求归类分析表

种类	名称	列举	玄关	客厅	餐厅	公共收纳柜	主卧室	次卧室、书房	主卫	客卫	厨房
服装被褥	床上用品	被褥、床单、被罩、毛巾被等				●	●	●			
	衣物	清洁衣物					●	●			
		领带、围巾、袜子等小件物品					●	●			
		次洁净衣物、随身外套	●								
		脏衣物（放脏衣筐）				●				●	
	鞋	应季鞋	●								
		非应季鞋	●			●					
休闲娱乐	电子产品	照相机、摄像机、手机等及各种充电器					●	●			
	健身用品	各种球、球拍、高尔夫球袋等小型健身器材，琴棋类等	●			●					

续表

种类	名称	列举	玄关	客厅	餐厅	公共收纳柜	主卧室	次卧室、书房	主卫	客卫	厨房
休闲娱乐	书报影音	报纸杂志、书籍、音像制品		●			●	●	●	●	
清洁用品	家庭清洁	地板擦、玻璃擦、清洁桶、盆等				●				●	
		抹布								●	
		洗衣液、消毒液、柔顺剂等								●	
	个人清洁护理	牙刷、肥皂、洗面奶、毛巾等							●	●	
		沐浴用品							●	●	
		护肤、化妆用品						●	●	●	
		如厕用品							●	●	
餐饮烹饪	厨房用品	各类锅、厨房用小电器									●
		就餐用碟子、碗具									●
		各类备用食材：米、豆、干货等									●
		调料、刀、铲、勺等做饭工具									●
		酒、茶、饮料、滋补品等			●						●
其他生活用具	箱包	日常用随身公文包、背包、购物包等	●				●	●			
		旅行箱包、备用包等				●					
	雨具	雨伞、雨衣	●								
	家庭工具	小型工具：如钳子、螺丝刀等	●			●					
		大型工具：小梯子、折叠衣架等				●					
	药品及药箱	药品及药箱				●	●	●			
	备用家用电器	加湿器、电扇、吸尘器、电熨斗等				●					
	家庭重要文件	保险箱，各种证件、证书、票据、文件等				●	●	●			

8.2 玄关收纳设计

玄关收纳无疑是重要的。玄关是踏入家门的第一步，也是彰显主人生活品位的地方。打开或关上门，你的身份、面子全被装进去了。玄关的设计在考虑实用的前提下，通过色彩、用料、柜体的设计，营造一个有趣味、多功能的强大玄关收纳系统，让你无论是在忙碌的工作后回家，或是湿漉漉的雨天进门，还是健身或购物之后，从踏进家门的第一步起就开始享受轻松惬意的生活。

有一种说法："鞋子的多少与你的生活质量成正比。"目前国内一个普通家庭四季日常起居的鞋类统计数据大体如表8-2。

表8-2　普通家庭鞋类数量统计表

家庭成员数	春夏季	秋冬季
2~3人	15~19双	19~23双
4~5人	20~23双	23~26双
5人以上	22~26双	25~29双

基于以上数据，我们着重在玄关空间系统设置了过季与常用鞋的分区收纳，以及与家庭成员数所匹配的鞋盒放置空间。这些收纳空间还要考虑到长靴、高跟鞋、便鞋、老人鞋、儿童鞋等不同种类，让一家人的鞋都有足够大的空间来放置。

① 过季鞋类存放区：选择125m²面积段的客户家庭通常至少需要放置过季鞋子18双，而选择145m²面积段的客户家庭需要放置过季鞋超过20双。

② 常用鞋放置区：每个独立的柜子可放置各类日常鞋类，120m²面积段的户型需要设置能放当季鞋20双以上的空间，145m²面积段的户型则需要放置当季鞋至少24双。

> 关于鞋盒设计尺寸的特别备注：男鞋常规鞋盒尺寸（当季鞋）：250mm×300mm/双；女鞋常规鞋盒尺寸（当季鞋）：180mm×270mm/双。男鞋常规鞋盒尺寸（过季鞋）：270mm×320mm×180mm/双；女鞋常规鞋盒尺寸（过季鞋）：250mm×300mm×180mm/双。

此外，"回家后外衣、外套随处乱放，很烦人"，这是客户典型关注点之一。玄关收纳的另一个主题就是衣物和杂物。针对这一点，我们在玄关空间中设置了日常挂衣区：一个2~3钩挂衣架，下部设置活动搁板，不挂衣服时可以放置其他物品。下部放靴子，左边挂雨具，右边挂短衣、领带、围巾，可放3、4个小包，也可放置干燥的雨具等物品。

综上所述，适宜的玄关收纳标准应包含鞋及鞋盒收纳；常用应季外衣（长短款）、男女包、帽子，以及钥匙等随行物品；常用工具，如鞋油、鞋擦、雨伞、衣服保养用品等（图8-1）。玄关柜的顶部还可另行放置鞋盒收纳、杂物收纳箱等。

图8-1　玄关区收纳的物品

表8-3　玄关功能归纳表

物品	尺寸（单位：mm）
一折伞	700~850
二折伞	400
三折伞	250
换季衣服	800~1000
冬季长衣	1450~1650
凉拖鞋	250×40
棉拖鞋	300×75
休闲平底鞋	300×90
高跟皮鞋	240×120
高靴子	300×250　240×480
休闲鞋	300×250　240×160

而一个1.45m³的玄关柜就可能创造这样一个超强的收纳空间！主要收纳物品：鞋子13双、鞋盒4个、外套3件、皮包3个、杂物若干，见图8-2。独立的嵌入式门厅柜完全可以将有限空间储藏效率最大化。比如，外置为签收快递而设计的带照明的签收台，侧板设置挂钥匙的挂钩，内置收纳细软的抽屉，这些都是以人为本的设计亮点。

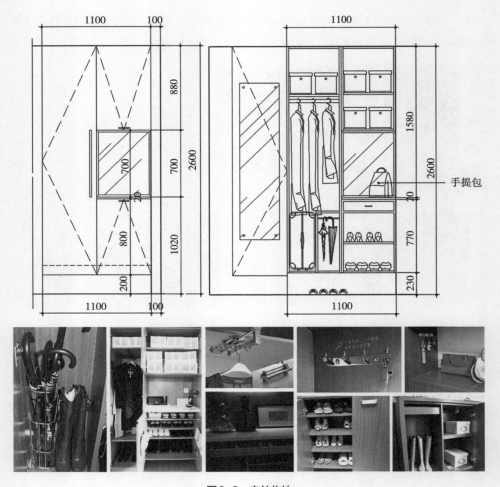

图8-2　玄关收纳

8.2.1　玄关收纳设计原则

①　玄关区域面积一般需要2.5~5m² 左右，可以根据具体房型的大小和入口处的关系进行划分。

②　确保玄关的设计能体现一定的文化品位，使人一进到房内即知道主人的喜好。

③　由于成年人的视线高度一般为1.4~1.6m，所以玄关柜一般为1.4m以上，鞋柜不宜高于1.4m。

④　电箱的处理一般是隐藏在玄关柜内，既美观，又不影响使用。

8.2.2 玄关家具组合及尺度

① 玄关主要由三部分组成：储鞋用的鞋柜、收纳杂物的储物柜以及展示用的艺术造型玄关。

② 主要空间布局形式有两种：入门顺边型（图8-3），入门侧面型（图8-4）。

图8-3 入门顺边型   图8-4 入门侧面型

③ 玄关柜的设计要考虑到具体空间条件、不同面积段的户型以及与之对应的客户需求之间的差异。

表8-4 玄关空间量化标准表

类别	量化标准（单位：mm）		备注
经济型玄关	长：不小于600		适合90m²以下户型
	宽：不小于300		
	高：800		
	长：不小于900		
	宽：不小于300		
	高：800		
普通型玄关	长：不小于1200		适合90~130m²户型
	宽：不小于350		
	高：1200		
	长：不小于1400		
	宽：不小于350		
	高：1200		
舒适型玄关	长：不小于1600		适合130m²以上户型
	宽：不小于350		
	高：2000		
	长：不小于2000		
	宽：不小于350		
	高：2000		

　　玄关柜内可设置自由拆装的层板，根据收纳需要调整板间高度，方便日常清理。收纳鞋子的柜体应考虑一定的透气功能，比如百叶门等。此外，具体的柜体尺寸也宜遵守以下原则：

　　① 家居鞋柜的深度是根据人脚的尺度来设计的，一般人的鞋的尺寸为180~250mm之间，所以，鞋柜的深度在180~320mm之间。

　　② 翻斗式鞋柜由于鞋子是斜插入鞋柜内，但一般鞋子的高度在180mm以上，所以翻斗式鞋柜也不应小于180mm。

　　③ 在鞋柜旁预留有换鞋座位空间，方便家人特别是老人和小孩换鞋时使用。

图8-5　鞋柜的细节

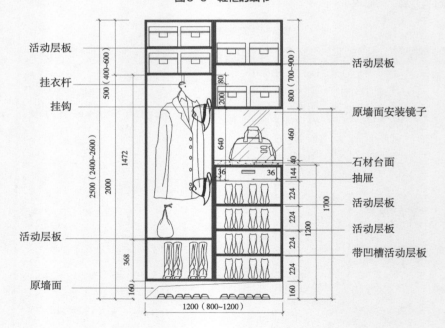

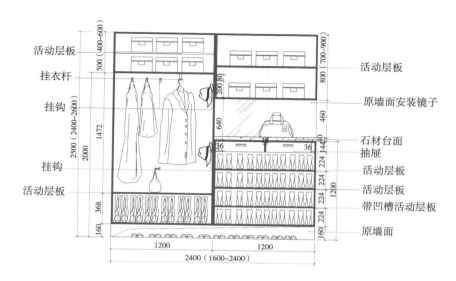

图8-6　经济型-舒适型玄关柜

8.3 卧室柜收纳设计

　　主卧柜主要收纳的物品是男女内衣、外衣、换季衣物、床品、箱包、男女饰品等，女士服装及内衣区主要收纳女士应季服装、长衣、内衣、皮包等；男士服装区储存男士应季服装、饰品及男女过季衣物等。

卧室柜收纳说明

1. 被褥、床单、毛巾被等
2. 西服上衣、衬衣、短外套等
3. 裤、裙等
4. 领带、围巾
5. 长外套、连衣裙等
6. 杂物
7. T恤衫、羊毛衫、丝绸衣服等
8. 贵重物品、文件等
9. 袜子、饰品等
10. 内衣、睡衣等
11. 包、帽子等

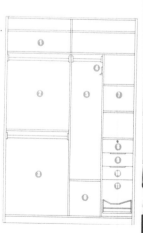

图8-7　卧室收纳柜

图8-8 大型卧室收纳配置

如将此区域收纳量化，则需能放下当季衣物25件；收纳箱5个、旅行箱1个、背包2个；过季衣物；棉被1床、枕头2个；男女内衣若干、饰品若干等。

图8-9 小型卧室收纳配置

8.3.1 卧室收纳设计原则

确定居室衣柜设计时，应明确所能容纳的物品种类和数量——这和精准的客户需求密不可分。同时，还要关注以下内容。

① 不论是柜体深度还是挂衣空间的高度，柜体内每一个空间尺寸都应符合人体工程学要求，空间充分利用，没有任何浪费。比如，2m以上的空间可设置顶柜，充分利用空间高度，在此可以收纳不常用的物品。客户如果是自己买一个衣柜，衣柜柜顶与天花板之间会空出一个空间，我们把这个空间充分利用，不仅可以存放一些过季衣物或被褥杂物，而且柜体顶部与吊顶之间无缝衔接，避免了柜顶积灰，消灭了卫生死角，减少家务劳动，还避免登高清扫柜子顶部积尘的不便和危险。而且衣柜的外观与装修整合一体，美观大方。同时，收纳空间附近的地面和顶棚应保持水平，墙体应保持垂直，以使柜体四周的接缝宽窄一致。

② 设计时，衣柜配件应合理组合搭配，相同宽度、功能相近的抽屉宜集中设置，且高度宜在1300mm以下。当衣柜为无门衣帽柜时，其总深度应为500~600mm；为平开门衣帽柜时，其总深度应为550~650mm；为推拉门衣柜时，其总深度应为600~700mm；当考虑使用旋转衣架时，其总深度不宜少于800mm。叠放衣柜深度为450~500mm；当衣柜深度不足500mm时，只能做成层板格子。挂衣空间净高为长衣1450mm，短衣950mm。挂衣杆宜采用侧面安装，距上部柜体下表面80mm，单根挂衣杆长度不宜超过1200mm，如超过1200mm就需要考虑加设中部支撑。柜体侧面采用320mm的上下孔距，这是为了控制叠放衣物的高度和数量，既方便查找和取放，也因为如果空间太高，叠放的衣物容易倾斜或坍塌，不便于使用和保持美观。当然，也可以根据客户需要增加层板，比如增加一至两层层板，就可以把挂长衣的柜体改成上面可以挂上衣、裤子，下面可以放毛衣、保暖内衣等需要叠放的衣物。柜体里面所有层板都是可以上下调节高度的，为客户灵活使用创造条件。

③ 工厂化制作的衣柜，与顶棚、墙面相交的位置宜设收口条以方便收口。嵌入式柜体设计能使顶棚、墙面和地面保持统一和完整。设计应注意柜体颜色材质和室内搭配协调，与周边装修界面合理衔接，避免出现柜门与天花等造型冲突、柜体与踢脚线不交圈的情况。

④ 柜门应设置阻尼，避免噪音。

⑤ 拉手尽量采用嵌入式拉手等隐形拉手，避免采用容易导致儿童碰伤的拉手形式。

⑥ 卧室中以镜面为柜门的衣柜应避免设置在床的正对面，以免影响正常的家居生活。

⑦ 宜避免衣柜有拐角，如无法避免，则应合理利用拐角空间。为提高空间利用率和使用便利性，不应采用抽屉，宜采用双向挂衣杆或层板等形式。如无法采用专用转角柜，则可搭配使用平柜。

⑧ 柜门尺寸单扇推拉柜门宽度不宜大于1200mm，平开门宽度不宜超过600mm；柜体板、门板高度不宜高于2400mm；高度超过2000mm的单扇柜门宜采取防止柜门翘曲变形的措施，如设置门板调直器、增加平开门铰链的数量等。因推拉门及滑轨占用较多空间，折叠推拉门对五金件品质要求较高，建议衣柜尽量采用平开柜门。应注意平开柜门开启时是否受周边物体影响，如卧室进深较小，床头柜影响部分柜门开启，衣柜宜采用推拉门，如需采用平开门衣柜，则宜将受影响柜门进行上下分割，使上部柜体方便好用，下部柜体可收纳不常用物品。

⑨ 在主卧或书房的某个隐私度高的空间可考虑设置保险柜位，其结构与土建结构关联，用于存放贵重物品。保险箱可设有指纹识别开启、自动上锁和报警功能。

图8-10　居室保险箱

⑩ 居室内宜考虑一定的预留空间，自己加一个储物柜就可变为收纳空间，可满足日后家庭结构改变、人口增加时的储物需求。

⑪ 有些精致的收纳柜还可以设置"化妆抽屉"，成为隐藏在衣柜内的专业化妆间。上翻镜部分配有梳妆镜及LED灯局部照明，抽屉内部分隔成大小不等的分区，分类放置彩妆用品工具，阻尼五金件能够实现面板的自动缓吸，保护镜子和抽屉。

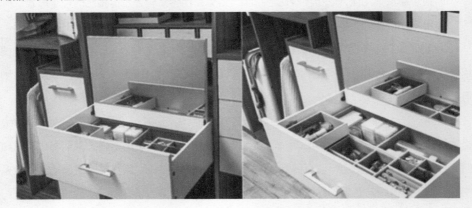

图8-11　"化妆抽屉"

8.4 公共收纳柜设计

良好的居室收纳设计，至少还应包含一处或多处公共收纳空间。通常一个宽度2m左右的公共收纳柜，收纳量为2.46m³（2230mm×1900mm×580mm）。主要收纳物品是：

① 衣物储藏区——运动器械及运动衣物、棉被及过季衣物储藏等项；

② 杂物储藏区——熨衣板以及吸尘器、加湿器等小型家用电器储藏，大的旅行箱包、儿童用品（童车、玩具等）、工具箱、杂物箱等。

经过大量的实际统计数据分析，此区域收纳可量化为：衣物 15 件；旅行箱 1 个、运动背包 2 个；各种球拍若干；棉被收纳 4 床；过季物品收纳箱 4 个、杂物收纳箱 5 个；吸尘器等家用小电器若干。

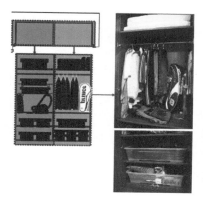

图 8-12　公共收纳设置

图 8-13　收纳柜结合设置熨衣板

设计公共收纳柜时可以遵循以下原则：

① 分门别类。想要避免"要用的时候永远找不着"的局面，就一定要把零星物品分类集中。分类是收纳的基本原则，也是让家务变得事半功倍的绝技，当然这其中精准锁定需求是关键因素。

② 容量充裕。装修时，一定要根据客户的真实需求，提前预留足够的收纳空间，否则业主将很快被杂物掩埋。

③ 立体收纳。浪费面积可耻，浪费立体空间同样可耻。由于成品住宅全装修讲究的是前置室内设计，收纳设计可以充分与建筑设计配合，于是精细控制标高——高处向天花板看齐；低处向床下、地台空间要效益，打造实用的大抽屉；家具靠边站，空间省大半。这些都是常用的手段。

④ 有藏有露。杂乱小物悉数放入柜中，关上柜门就一片整齐，还顺便防霉防灰。同时，还可以考虑给自己心爱的收藏品一个专门的陈设空间，骄傲地展示自己。

8.5 厨房收纳设计

厨房收纳的重点当然是整体橱柜，根据调研数据可知，一个U形厨房可包含2.46m³的橱柜收纳量，其内部可以放下：食物、电器、锅具、灶具、餐具、各种烹饪用具……其

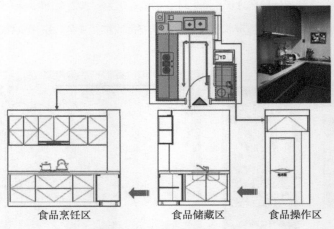

食品烹饪区　　　　　　　　食品储藏区　　　　　　食品操作区

图8-14　厨房收纳分区图

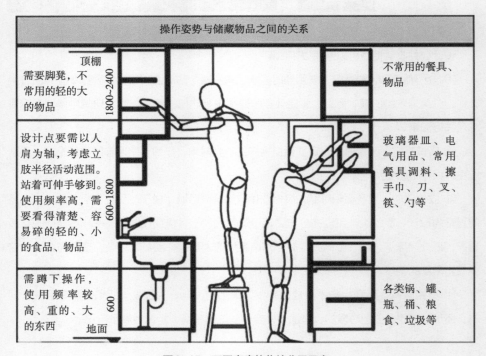

图8-15　不同高度的收纳分区示意

图 8-16　厨房收纳

吊柜底部五金件设计如果使用这种五金件，需要注意避免
和吊柜下部灯光、墙面拉篮和五金件冲突　　　　　　高伸拉篮　　　　　　　　　　　　　高伸拉篮+嵌入式冰箱

图 8-17　橱柜五金件能体现强大的人性关怀

中，食品烹饪区台面对应的收纳功能是灶台、烹饪用具、调料罐的摆放。柜体收纳可解决
餐具、餐盘、锅具、水壶、调味品、干货、米、面、油等储藏量较大的食物储备，以及锅
具、厨房小电器的收纳。其中，拉篮应靠近灶台位置，存放做饭用的调料、刀、勺等，方
便做饭时随时取用。食品操作区台面对应的功能是：择菜、洗菜、切菜。其柜体收纳可侧
重于锅具、垃圾桶及清洁用具的收纳以及厨房小电器的收纳。食品储藏区的主角是冰箱，
用于新鲜食品、冷冻食品的储藏；其附近的台面也适宜划分为厨房电器使用区。

8.6　卫生间收纳设计

　　图 8-18 的案例中，卫生间的收纳量至少可以有 $1m^3$。主要由浴柜和镜箱组成。主要
收纳物品是男女洗漱用品、化妆品、浴室清洁用品、日用品等。其中上柜可以考虑：

① 男士：剃须刀、剃须水、化妆品、香水；

② 女士：化妆品、香水、面膜、清洁用具（化妆棉、洗面棉、指甲清洁用品等）；

③ 公共用品：吹风机、牙膏、漱口水、牙线、沐浴露、清洁套装等洗浴用品。

洗漱台镜柜一体化设计是提升空间利用率的好办法。镜箱柜除了提供强大的收纳功能，还可以考虑集成灯光（隐藏灯带）的做法，满足使用者需求。而体量较大的下柜则主要解决脏衣服筐、洗浴用品收纳、浴室清洁用品及家居工具收纳。

图8-18　卫生间收纳

8.7 活动家具解决收纳问题

活动家具的研发设想，仍然是延续收纳设计即创造室内"居住空隙"的观点。比如，"收起壁床"这个动作，实际等同"创造空白地板"。一系列可变形的活动家具的设计能提供更完备、更人性化的收纳空间，可以根据使用需求进行尺度的收放。通过调研中生活场景的分析和我们对静态单人到动态多人活动的描述，可提供给客户的活动家具包括了床、床头柜、沙发、茶几、角几、餐桌、餐椅、书桌等各种功能家具，当然，这些设计同时还要满足收纳变形、安全环保、使用方便等要求。

图8-19　活动沙发床

（1）卧床

床设计为上翻式或上升式活动床。床下为活动沙发，床放下的时候，活动沙发隐藏在床下；当床升起或翻起后露出活动沙发，方便小型聚会用。床下活动沙发兼具储物功能。

（2）电视墙柜

开放格与带门格结合，收纳书籍、饰品、音像制品。

图8-20　电视墙柜

（3）公共空间柜

规划出大空间收纳行李箱、运动器材及其他大件。

图8-21　利用五金件使收纳性能大大提升

（4）橱柜

橱柜上的吊柜内设二联动柜，解决高、深问题，提高空间使用率；下拉式拉篮可根据收纳物品重量调节下拉力度。下翻式调料篮可收纳小调料瓶、保鲜膜、小毛巾，收起时美观一体。

图8-22　餐桌延展出备餐台

（5）餐桌

2人或4人位餐桌的侧边可抽拉，加长1倍桌面，可以为多人使用，或做备餐台。底部和内侧设滑轮和限位装置，两侧设薄抽屉，可临时存放手机等物品。餐桌与餐边柜也可以做整体融合，还可以设计抽拉餐桌或旋转餐桌。

图8-23　可变形的沙发墩

图8-24　可变形的茶几

最后，再让我们回顾一下有关收纳设计的关键线路。

（1）设计前——"熟悉你的客户"

① 只有在为客户提供"精装修住宅"的情况下，收纳设计才能发挥最大意义。

② 身为一个合格的精装设计师，在设计户型时，头脑中必须始终有关于收纳清晰而坚定的认知。

③ 收纳设计绝不等于让木工打柜子，而是对"特定客户群如何使用住宅"的场景模拟和求解过程。

（2）设计时——"依靠专业资源"

一方面，设计师不能放弃自身的职责，但确实又无法很快突破自身的局限；另一方面，专业的工作，让专家们去做，在这一领域，专业的收纳家具设计公司将会发挥更大的作用。

（3）设计后——"引导客户认知"

对于收纳及居住的概念，要给予客户认知和理解的过程。设计师要学习向客户解说、推介自己设计的住宅，这也是每位设计师的必修课。

第 9 章
全装修产品的
室内色彩与风格设计

9.1 全装修室内设计色彩与风格概述

室内设计离不开色彩和风格，但纯粹的风格与色彩设计理论，可能并非是批量成品住宅装修设计的关键。由于批量装修产品必须满足群体目标的需求，而非某些客户个体喜好，因此非常纯粹的装饰风格和鲜明色彩应用可能不会被大众客户所接受。从我们此前多次提及的客户需求调研和反馈来看也的确如此，客户对室内设计风格有需求，但同时受限于专业知识和生活经验，普遍对真正专业的风格设计认知模糊。

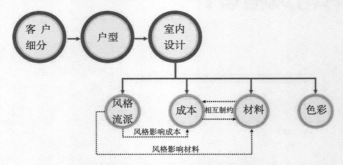

图9-1 户型与室内设计定位的关系

当然，装修设计方案在初步梳理了有关功能需求、各专业技术条件的同时，就会面临实际的问题，即以怎样的设计风格开始方案创作？这时候色彩和风格设计就会发挥相应的重要作用——在方案设计中要遵从客户细分法则与客户的各种需求，并充分考虑到与成本和材料等工程因素的相互制约。

如果说色彩与风格设计在批量成品住宅的装修设计中必须有其侧重点的话，色彩设计更多是为了使大众喜闻乐见，设计时需要格外精准；而风格设计则要既具备自身特色，又适宜为更广大的消费者所认同，同时兼顾便于大面积工程实施等多方面因素。

9.2 全装修室内设计色彩与心理感受的关系

色彩是无处不在的要素，也是室内设计最细微的元素之一。

色光作用于眼睛，影响感情的过程是内在的。艺术家康定斯基在这方面贡献很大，他很早就将色彩和人的心理体验相互结合来研究，并划分了色彩的直接性心理感应和间接性心理感应。前者是客观性的直观效果，是色彩的固有感情；后者是以色彩的联想嗜好为媒介知觉于人的感受。这两者同时存在，它们的关系很难绝对区分，我们也只是从客群体验的角度对这两个方面进行研究。

9.2.1　色彩的直接性心理感应

由色彩表面的直观物理性感应发展为某种心理的体验，称为直接性心理感应。色彩作用于人时产生一种单纯性的心理感应，是由色彩的固有感情导致的。这种直观性的刺激左右着我们的思想、感情、情绪。

图9-2　室内色彩分析图

为了把色彩的表现力、视觉作用及心理影响最充分地发挥出来，达到给人眼睛与心灵以充分的愉快刺激和美的享受这一目的，我们必须深入研究色彩的精神和情感表现价值。在此，我们关注色相环上几个最主要区段的"色彩性格"。

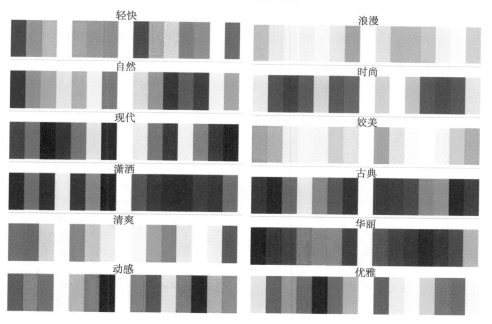

图9-3　色彩与性格分析图

（1）红色调

红色光波长最长，又处于可见光谱的极限，最容易引起人的注意、兴奋、激动，同时给视觉以迫近感和扩张感，被称为前进色。红色易给人留下艳丽、青春、富有生命力、饱满、富有营养的印象。红色又是欢乐喜庆的象征。由于它的注目性和美感，红色在标志、旗帜、宣传、食品包装等用色中都占据首位。

（2）橙色调

橙色的波长位于红与黄两色之间。伊顿曾说过："橙色是处于最辉煌的活动性焦点。"它在有形的领域内，具有太阳的发光度，在所有色彩中，橙色是最暖的色。橙色也属于能引起食欲的色，给人香、甜略带酸味的感觉。橙色又是明亮、华丽、健康、辉煌而动人的颜色。

图9-4　红色调的使用案例

图9-5　橙色调的使用案例

（3）黄色调

黄色的波长适中，是彩色中最明亮的颜色，因此给人留下明亮、辉煌、灿烂、愉快、亲切、柔和的印象。

（4）绿色调

绿色的波长居中，人的视觉对绿色光反应最平静，眼睛最适应绿色光的刺激。绿色是植物王国的色彩，具有丰饶、充实、平静与希望的心理表现力。

图9-6　黄色调的使用案例

图9-7　绿色调的使用案例

（5）蓝色调

蓝色光波长短于绿色光，它在视网膜上成像的位置最浅，红橙色是前进色时，蓝色就是后退色。蓝色是冷色，让人感到崇高、深远、纯洁、透明、智慧。

（6）黑白色调

黑白灰也是室内设计极为常见的色调。

白色是全部可见光均匀混合而成的，被称为全色光，又是光明色的象征。白色明亮、干净、畅快、朴素、雅洁，在人们的感情上，白色比任何颜色都清静、纯洁，但设计时如果用之不当，也会给人以虚无、凄凉之感。

黑色即无光，是无色的色。在生活中，只要光照弱或物体反射光的能力弱，都会呈现出相对黑色的面貌。黑色对人们的心理影响可分为两类。首先是消极类心理影响，例如，在漆黑之夜或漆黑的地方，人们会有失去方向的恐怖、烦恼、忧伤、消极、沉睡、悲痛甚至绝望的印象。当然，也可能是积极类的，黑色使人得到安静、沉思、坚持，显得严肃、庄重、刚正、坚毅。在这两类之间，黑色还会有捉摸不定、神秘莫测的印象。在设计时，黑色与其他色彩组合恰当，属于极好的衬托色，可以充分显示其他色的光感与色感。黑白组合，光感最强，最分明。而灰色居于黑与白之间，属于中等明度、无彩度及低彩度的色彩。它有时能给人以高雅、含蓄、耐人寻味的感觉，但如果用之不当，又容易给人平淡、乏味、枯燥、单调甚至沉闷的感觉。

图9-8　蓝色调的使用案例

图9-9　黑白灰色调的使用案例

9.2.2　色彩的间接性心理感应

在色彩性质的直接感受中派生出另一种更为强烈的感受，那就是由人的印象导致心理的联想，以联想为媒介，来知觉于人的感受，这就是所谓的间接性心理感应。人对于色彩的联想又可以分成两类。

（1）具体的联想

人看到某种色彩，引起对某种事物的联想。比如看到红，就会想到太阳、花、血、火焰；看到黑，就能想到黑暗的角落、墨汁；看到黄，能想到柠檬、月亮；看到绿，能想到树叶、草地；看到蓝，会想到海洋、天空等。

（2）抽象的联想

当然有时候，人看到某种色彩，不是会直接联系到某种事物，而是可能形成一种抽象的概念。红色意味着热情、危险。黑色象征着悲哀、死亡。黄色对应着泼辣、希望。绿色表示永恒、和平。蓝色可以联系到理智、无限、理想。而紫色则与古朴、优雅相关联。

可以说，数以千计的色彩在各类人群的心理上都会产生不同的感受，这种心理感受有相当的共通之处，当然，也会由于个体的经历、性格、修养、习惯的差异而有所不同，但无论怎样，都说明室内色彩是满足客户心理感受的重要因素。

9.3 全装修室内设计色彩与健康的关系

（1）色彩与儿童——适宜儿童色觉发育的色彩设计

人的色觉是在幼儿阶段，从黑、白到红、绿再到全色相慢慢发育好的。因此，为了培养儿童健全的色彩识别能力，其成长环境应给予全色相的刺激。

通过大量的实际案例研究，我们也可以发现儿童更喜欢黑度较低、明快、干净、彩度较高的颜色。因而，我们在选择适宜儿童身心健康发育的色彩时，特别是在儿童视线范围内进行重点颜色设计时，宜选择多色相的色彩组合，颜色对比清晰，边缘简洁的大色块颜色组合。儿童房间适宜黑度值低于40，彩度值高于05、小于70的颜色。男孩房间偏冷色相，女孩房间偏暖色相。

（2）色彩与老人——适宜老人身心健康的色彩选择

经研究，普通人在40岁以上对颜色明度和彩度的敏感度降低，室内相邻的颜色明度对比值不小于0.4，可以用有一定彩度的颜色，但不宜过度鲜艳，以柔和、自然、稳重的色彩组合为主，一般情况下，彩度超过50的颜色慎用。

（3）色彩与睡眠——适宜健康睡眠的色彩选择

据中国睡眠研究会近年来的调查结果显示，我国成年人的睡眠障碍发生率超过三成，全国大约有五亿人存在着不同程度的睡眠障碍，并且这个基数还保持着很高的增长率。而色彩在改善这个重要居室活动问题上，也可以发挥重要作用。

通常，波长较短、颜色对比度较低的组合，能够起到镇定神经、降低眼压、促进最佳睡前状态的作用。优雅柔和的低彩度的颜色，能有效降低人的烦躁不安感，促进睡眠。特别是那些主体色彩度低于40，黑度高于05、低于80的色彩，如冷调性的蓝色、青色、绿色和紫色具有促进睡眠的作用。而白炽灯、温暖的米黄色灯光、淡橙色灯光都有催眠的作用。反之，在卧室内应避免使用纯红、纯橙、纯黄等不利于睡眠的颜色。

（4）色彩与环保

作为装修材料，为保持油漆颜色持久鲜艳，添加铅化合物是常用做法，如黄丹、红丹和铅白。部分陶瓷制品的色彩越鲜艳，釉彩或染料中含重金属成分越高。甚至可以大致判断，越鲜艳的颜色，受污染程度可能越高，而且部分含有铅和汞，长期接触容易损害健康。同时，黑度较高的颜色也会有潜在的不环保因素。因而，在大面积成品住宅工程使用时，设计应尽量少使用过于鲜艳的颜色，少用那些彩度高于70、黑度高于70的颜色。

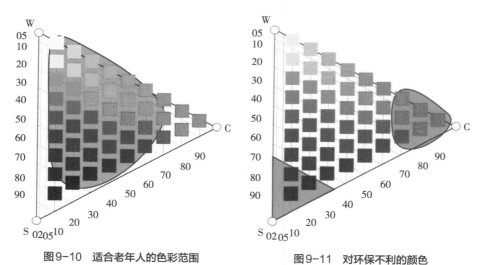

图9-10　适合老年人的色彩范围　　　　图9-11　对环保不利的颜色

9.4 不同类型的客户（户型）定位与色彩设计之间的关系

既然色彩规律对于人的心理影响如此重要，并且色彩在批量成品住宅装修设计中又必须为目标客户所接受，因此在其二者中建立某种联系，解析其对应规律，就是非常有效的手段。我们可以尝试针对那些向往平和、成熟风格的客群，对应以经典、成熟的配色。而针对那些向往清新、健康的风格客群，对应以清新、环保的配色，此类自然风格的选色，占主要部分的是无彩色，有彩色起辅助和点缀的作用。同理，针对那些向往优雅、亮丽的风格人群，对应以优雅、简约的配色，此类偏时尚风格的选色，明度和白度值较高，黑度值较低。

我们通过大量的实际设计案例，归纳了客户分类、户型类型与室内常用色彩之间的对应关系，以备设计师在方案创作中加以参照。当然，这只是参考，色彩设计终究还是要依靠设计师的美学修养进行创意发挥，统筹判断，精心设计。

9.4.1 首次置业型客户——一居室小户型室内常用色彩

图9-12　首置型客户产品常用的色调

首置客户的小户型室内设计适宜较为简洁、明快的色调。那些冷、暖色调中比较鲜亮的颜色，对于面积局促的小户型而言显得恰如其分。这些色彩通常能够带给人扩散、后退的视觉感受，使空间比实际显得更大一些，同样也能带给人轻松、愉快的心理感受。设计中，整体色彩类别宜少不宜多，这样比较容易形成明快的感觉。

9.4.2 改善生活型客户——二房、小三房户型室内常用色彩

这一阶段的购买人群，普遍希望有个温馨、浪漫的家居环境，所以色彩方面需要呈现一种温馨、绚丽的感觉，以体现这一阶段人群的个性和其对时尚的追求。在色彩使用上，空间尺度的弹性也显得手法更为丰富。比如：以米黄色调为主的居室，加上一些饱和度比较高的色调进行空间局部处理较为适宜。

图9-13　改善型客户产品常用的色调之一

图9-14　改善型客户产品常用的色调之二

9.4.3 经济富足型客户——大三房或四房及以上的大户型室内常用色彩

典雅、稳重的色调是最易接受的搭配。经济富足型的客户在各方面已经达到相对成熟

阶段，置业目的是进一步提高生活品质。随着客户年龄和阅历的增加，在色调的选择上就要以典雅稳重的颜色为主，同时局部可用亮色体现其细节和品质追求。其室内典型用色方式有咖啡色、褐色、暖黄色等。

图9-15　富足型客户产品常用的色调

9.5 色彩与材料设计细节控制要点与技巧

色彩设计虽然总体上要依靠设计师的经验能力，但对于成品住宅装修设计来讲，还是有些设计细节和管理技巧可以遵循。以下就是值得关注的几点。

（1）符合大众审美习惯

全装修产品的室内色彩将面对数以千计的客户以及长时间的公众审美，过于偏执、强调特色的用色方案可能讨得一部分人的喜欢，但却很可能失去大多数人的欣赏，风险大于收益。

（2）统筹考虑色彩与材料的比例、质量关系

全装修提供的不仅仅是硬装，还有橱柜、洁具、门等配套设施，这些物料的颜色和尺寸要注意彼此间的关系，力求达到视觉上的均衡。

（3）把握好色彩的节奏感

特别是那些无处不在的对比。比如，空间的收放、材料质感的对比以及尺度感的对比等。

（4）有侧重的局部强调

在室内设计中，充分利用色彩突出设计特点、空间焦点，区分出主次层次。

（5）注意线条的协调

比如，规整的材料可以尝试斜角摆放，弱化直线线条的呆板感觉。

（6）注意形态和空隙

合理的空隙设计和应用与家具设计本身同等重要，需要二维和三维的结合，对实体周围空间感觉保持敏感。

在具体设计管理环节中，对于展示样板间的材料定板和色彩评议的过程，可以充分邀请专家莅临指导，提升色彩效果。我们也曾有过具体项目的经历，在设计方案完成之后、展示样板间开放之前，特地邀请美学、色彩方面的专家教授作为色彩顾问，莅临样板房进行特别的色彩"诊断"。虽然受邀专家可能并非纯粹的装饰装潢设计专业出身，但依靠自身精湛的美学修养以及对于色彩细节的超强敏感度，专家仍可以对现场方案提出很多建设性的意见。而设计师则结合具体材料和工艺，按照专家的建议进行修改和完善，对色彩搭配的细节进行优化。

比如，地面双层波打线由强对比改为弱对比，取消黑色边带而采用咖啡色，使色彩更为统一。客厅采用不锈钢波打线。

图9-16　地面波打线色彩调整

调整橱柜面板颜色，选择较原橱柜色系更浅的浅黄木纹色，提升色彩亮度。

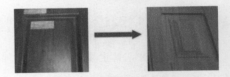

图9-17　橱柜面板颜色调整

厨房空间的吊顶铝扣板不建议使用银灰色，最好采用香槟金色，使之更好地与家具、室内灯光的光色相协调。

图9-18　厨卫铝扣板吊顶颜色调整

建议门、地板等室内木制品降低材料颜色色重，改为偏黄橡木的面层颜色。

厨房地面取消深浅双色斜拼，而采用同色砖。

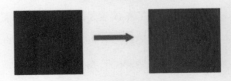

图9-19　木制品色彩调整

上述的很多修改都是相当细微的，对于专业设计师来讲，很难逐一观察到位，甚至很难被察觉。但不能否认，当这些涉及修改的细小内容全部汇集、修改完成后，对于室内方案整体色彩完善程度的提升还是有相当大的作用。由此可见，成品住宅

图9-20　厨房地砖材料调整

装修的色彩设计虽然可能整体略显平稳，但为了使大众客户更加喜闻乐见，仍需大处谨慎——力求均衡有致；小处用心——确保格外精准。

9.6 常见设计风格与特点解析

室内设计风格流派在漫长的艺术发展历史上，与各种艺术潮流的理论与应用并驾齐驱，受到社会经济、工艺材料、人文价值观等各方面因素的影响。在当今世界经济发达、科技进步、社会多元化且强调创新的文化市场上，室内设计风格更是百花争艳。目前国内成品住宅装修市场上，最为活跃、常见的几种设计风格可以被描述为现代、欧式、中式风格等几类。但面对批量装修的室内设计，我们不再对室内风格流派罗列介绍，也不以学术的眼光看待风格流派，作为设计创作和管理者，我们更多地要知道在几种所谓的设计流派风格背后的特定客户定位、心理需求成因以及技术实施要点、难点。这些才是在设计创作过程中需要关注的。

9.6.1 现代风格

现代风格重视功能和空间组织，注意发挥现代构成本身的形式美，造型简约时尚，崇尚合理的工艺，尊重材料本身的性能，发展了非传统的以功能布局为依据的不对称的构图法。这其实也是很多国外现代装修的常见内饰风格，非常容易为境外人士或者是有海外教育背景的客户所认知。这种风格对于那些涉外项目的室内装修设计来讲，自然是如鱼得水。

不过，单从可实施角度来讲，现代风格需与客户需求、品质定位相符，所涉及主材品牌均是国际品牌。极简的设计手法需强调各个空间界面的点、线、面关系分明，因此对施工工艺要求较高，通常材料、人工费均投入不菲。要知道，缺少装饰线脚和细节，那就意味着方案的品质感均要在很有限的装修手法中得到体现。然而，由于其特定的调性，简约处理的装修对产品附加值的提升并不明显，往往使广大国内客户第一感觉没有物超所值，随着时间的推移，设计也难凸显价值。更有甚者，那些所谓简单设计、材料普通、价格低廉的"现代设计"，往往处理不当，或材料选型出现问题，给人留下"简陋"的印象。因此，在普遍项目体量较大，批量装修的户型数量众多，目标客群又比较分散的情况下，对于此种风格的选择还是需要慎重。

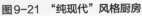

图9-21 "纯现代"风格厨房　　图9-22 "纯现代"风格卫生间　　图9-23 极简风格的客厅

　　相比较来看，那些既属于现代风格的设计，又充满时尚元素，同时兼备强烈而明快的色彩搭配、多元而丰富的材料配置，更能映衬出局部装饰性强的特点。这些格调虽然也需要一定的成本花费和工艺品质的保障，但在富有层次的灯光设计以及高档家私的衬托下，设计方案能快速摆脱极简主义的"束缚"，营造一种时尚、明快的气氛，很能迎合追求城市品质生活的客户群体。

图9-24 现代时尚的客厅设计　　　　　　　图9-25 光影交错的卫生间

图9-26 风格明快、精致的厨房　　　　　图9-27 材质丰富、格调优雅的卧室

9.6.2 现代中式风格

　　现代中式风格相对于传统中式风格是一种提炼和升华。虽然引入了传统元素，其更多利用了现代手法，室内多采用简洁、硬朗的线条，反映出现代人追求品位生活的居住要

求，也使传统中式风格更富现代感。现代中式风格设计中，直线往往多于曲线，素色通常多于花色，造型要求简洁流畅且富有民族特色，设计要求表现力强且精准控制。但由于多数客户选择装修房屋产品的时候，更多期待得到的是一种所谓潮流、温馨的感受，对于整体效果显得不那么热闹、设计格调略显生硬的"中式"创意，接受度往往不高。当然，不排除有些特定客户，也会接受特定风格的演绎。但由于不同消费者对于传统文化多少都有些自己的理解，因此众口难调——一旦把握不好，便容易被评价为"流于形式"。因此，批量装修设计在现代环境之下若过于强调回归传统，将是一个"费力未必讨好"的方向，很可能也影响其在市场上的表现。

不过，从现代中式风格在一些产品的精彩演绎中可以发现，中式元素完全可以通过折中和提炼，比如抽象色彩元素的体现，在大批量装修方案中占据一席之地。同理，一些带有明显东方主题的材料——例如竹子主题，也可以融入中式、现代格调，再加上一些传统配饰的得体映衬，体现出内敛、低调、整体感强的装饰效果。

图9-28 中式格调

图9-29 新中式风格

再有就是巧用现代中式风格的几种典型造型与色彩，形成"神似"之感，是一种讨巧的方法。可以采用黑与红、黑与白、黑与金为主的搭配，使色彩浓重成熟。设计也多用料考究，自然花型、几何纹样常见于其间。

① 黑与红、金色

现代中式家具以明清家具为代表，色彩都较深，所以形成的室内整体效果通常是反差比较大的。木头的黑色与带有浓厚中国味道的红色搭配在一起，不同程度的对比与组合可将中式效果发挥到极致。中式家具发展的中期，突出表现在家具的颜色以黑色、金色为主，着重表现一种华丽的辉煌之气，同时用黑色的沉稳来包裹红色或金色的张扬。

图9-30　黑色与金色在新中式风格中的演绎

② 黑与白

黑色与白色可以算是一种经典的组合了，在现代中式风格中，同样也不能少了这种有着强烈对比的无彩色。在中式风格演绎中，以纯白为"纸"，家具为"墨"，突出表现中式家具古色古香、精雕细琢的线条美感。在表现手法上可以较为大胆，似乎整个房间都弥漫着古木的香味。

图9-31　黑与白在新中式风格中的演绎

9.6.3 欧式风格

欧式风格强调装饰华丽、色彩浓烈、造型精美，以达到雍容华贵的装饰效果。随着国人生活水平的提高和对异域生活的向往，更催生了大众对于各类欧式风格的追捧。欧式风格在全装修设计市场上是设计师的常用手法，也是客户普遍能接受的格调。不过，在林林

图9-32 欧式客厅

图9-33 欧式玄关复杂的石材设计

图9-34 欧式卫生间

总总的欧式风格中，我们也有必要再稍作一些深入的解析，了解一些设计创作中的要点和难点。

新古典主义、ArtDeco或各类复古手法的室内装修设计风格，以其奢华的装修元素，暗合国内某些客户传统的豪宅心理。此类项目往往依靠精装修室内设计成为高端项目的绝对卖点，为项目增加了产品附加值。但是需要关注的是，此类项目的设计实现对设计精细度、材料组织、施工工艺以及其所需的社会资源依赖程度高，比如石材的供应和加工、材料的收边和拼花的施工细节都要特别把握，也可以说是高价堆砌出来的"金碧辉煌"。另外，石材在很多居室的局部虽显富贵，但有时石材使用过多则有生硬的感觉，会略显俗气，构筑的空间易产生冰冷感。同时，合理的灯光布置在石材环境中宜产生眩目感，舒适度略低，而设计中的一些人文细节，虽都选择上等品牌，但也容易淹没在"泱泱石海"之中。因此，在这类设计创作过程中，设计师除了要关注方案的优劣以外，还要特别注重方案的细节和可实施性，关注材料的定型与选购，甚至是现场加工和施工工艺做法。方案能否最终得以完美呈现，不仅仅取决于设计师的发挥，更要依靠开发商、施工单位的管理能力和人力、物力、财力的投入。

图9-35　欧式石材细节　　　　　图9-36　欧式卧室——复杂的石膏板做法

而在此背景下，模仿古典风格的"洋务运动"，在成品住宅装修设计市场上也是常客，并且相对比较容易实现。它们不是通过简单的高档材料、高成本方式提高品质，而是在整体上关注效果，强调局部风格来引导消费者认知。在局部上细节以关爱制胜，力求贴近目标客户的生活需求，提供足以使人感动的细节。这些风格虽然可能并不"纯粹"，但整体尊贵得体，符合大众审美心理，且留给客户一定的"自由度"——只需更换部分壁纸或饰品，风格就可以产生变换。

下面两组方案空间相同，天、地、墙的硬装风格相同，只是在配饰和壁纸、色彩等部分做了替换，便呈现出了两种完全不同的风格形态。

图9-37　简约风格的客厅

图9-38　泰式风格的客厅

图9-39　简约风格的卧室

图9-40　泰式风格的卧室

9.6.4　美式风格

所谓美式风格，其本身就是一种混合风格，具有注重细节、有些许古典原色、外观简洁大方、融合多种简约的欧式风情于一体的特点。设计元素中会适当出现白色、原色调性；材料以石膏板、铁艺、木制材料为主；以略显硬朗的直线条、大体量材质或色彩变化作为装饰。

图9-41　美式风格客厅

图9-42　美式格调书房

9.6.5 法式风格

法式风格往往意味着大量的细节、曲线、小体量的构造节点，其中也不乏很多东方元素，辅以碎花与自然大花。色彩也以法国的蓝、白为特色。

图9-43 法式风格客厅 图9-44 法式格调家居一角

综上所述，各种极致、纯粹的创作风格在全装修室内设计领域虽各有其优劣势，但大多在客户反馈、设计实现、施工管理等方面存在较大挑战。而那些混搭、多元、具有品质感，"轻装修，重装饰"的设计手法更宜贴合广大客户的需求。同时，正如普通外国人无法精准了解唐宋、明清室内及家具设计之间的细微差异一样，国人也很难判断巴洛克、洛可可、雅各宾、维多利亚、乔治等等设计风格的准确定义，我们总在想象中把一些西方设计元素杂糅在一起，谓之"欧式"。但是，世界上其实并没有一种风格叫做纯粹的"欧式风格"，至少欧洲人自己都不懂。既然是多元化的噱头，那还不如及早回归到将装修空间、色彩、比例、材料、人性化进行细节处理的本质上来。

第 10 章
全装修设计的成本与材料把控

10.1 全装修室内设计成本控制的重要性

　　成品住宅装修工程的室内设计不再是那种简单的创意方案，而是很快能直接面对大批量客户需求的可实施类方案。它密切涉及设计、工程、造价、材料、工艺等一系列组织生产环节。在装修设计中，室内设计师的主要工作就是统筹安排功能、空间规划、风格创意、材料与配置等各项，形成完善的产品。这种组合的基础就是预算。因此，建筑、装修一体化和设计前置的一个重要核心目标就是造价控制。完整的全装修设计图纸一定要包含成本控制。同时，市场的竞争使得产品间的差异越来越小，各种精细化成本控制手段和工艺材料的创新越来越广为人知。在此趋势之下，随着广大消费者的日渐成熟和认知水平的提高，对于装修产品性价比的要求也会越来越高。装修设计最终作为房屋配置的一个部分，必然要充分考虑投入与产出的效能。

　　谁能在纷繁的市场竞争中棋高一着，谁就有可能成为市场的赢家。那么，如何在这个市场上更具优势？唯有抓住消费者的心，得到消费者的认可，才能长盛不衰。优异的性价比就是关键一项，成本规划的重要性不言而喻。室内设计师作为这个链条中最为重要的角色，当然也要对成本控制有着清晰的认识和高超的把握能力。

　　由于每个项目、每款户型、每个装修设计方案所针对的客户群不同，所以差异化的设计侧重点与不同的成本配置之间并没有绝对谁对谁错的说法。同样，每位设计师的专业修养、风格经验都不一样，所以对每个设计细节的把握也不尽相同。因此，客观的量化和对比，合理分配各分项的权重以求最优性价比，并在此基础上体现自己的设计风格就是成本控制工作的本质。而此项工作优劣的关键还是适宜的分配，也就是更好地分析目标客户对室内各个部分的关注程度与价值趋向排序之间的关系，从而进行最优分配，做到使有限的资金产生最大的收益。

　　这项工作的核心关键点还是要确定真实的客户需求。我们要反复强调客户的需求是真实、清晰的吗？那些所谓客户的抗性都是绝对的吗？当我们有限制条件的时候，客户需求体现会不会改变呢？还有没有哪些隐性的需求没有被充分挖掘？客户重点关注的是什么？如何把握产品和客户之间的关系？这些问题其实都可以归结为两点：正确的产品定位和客户定位。

　　批量成品住宅装修设计不同于单一户型的室内装修设计，需要尽可能一次性获得大量客户的认可，因此，要更广泛地从周边条件——这也是客户获得装修好恶印象的重要渠道——来研究方案的优劣。同样，也可以采用这样的方式来研究方案的性价比。通过详尽的量化对比，再经历差异化的压力测试，方案性价比的侧重和控制重点也可以逐步浮出水面。

10.2　全装修室内设计成本控制要点

设计师精于创意，善于泼墨，但对于数字计算往往不甚了了。不过，对于成品住宅室内设计中的成本控制，我们可以从几个简单并且重要的数字点入手。

10.2.1　全装修的成本控制要从设计开始，并贯穿始终

由于批量成品住宅装修产品是涉及全产业链的工程设计，因此，设计师并不能决定全部的成本，但设计对于成本控制的影响是决定性的。方案设计阶段将决定 70% 的成本，而工程实施阶段的 30% 成本控制也和设计后续的跟进有着或多或少的联系。

（1）全装修室内设计阶段的成本控制

① 产品定位标准的选定、设计风格确定；

② 主要部品配置标准及材料选择；

③ 设计内容及技术标准的确定（图纸及部品配置、技术要求）；

④ 按照标准确定设计细节、工艺做法及装修技术标准。

（2）住宅全装修工程实施过程的成本控制

① 预算控制——设计提供技术支持；

② 工程发包控制——设计师技术交底、答疑；

③ 施工阶段的成本控制——设计师处理现场变更；

④ 决算阶段的成本控制——设计回访，总结经验教训。

通过以上的成本控制内容也可以看出，所谓创意设计和工程设计之间差异化的侧重点体现在精装修室内设计中，是从产品定位、户型条件优化、设计风格研究开始，一直延伸到部品选择、材料确定、施工技术标准、后续维护管理的全过程。

10.2.2　全装修房屋装修工程的成本构成比例

第二个需要掌握的数据就是精装修工程的成本构成比例。占总房屋面积 30% 的厨房和卫生间装修通常会占总成本的半壁江山，有的甚至高达 60%~70%。并且小户型的单方

成本往往会大于大户型的单方成本。也就是说，越大的户型单方成本越低。此外，趋同的户型中的卫生间数量，厨房、卫生间的橱柜数量，室内内门数量等都会对成本产生巨大的影响。

全装修成本控制的重点是主材，难点也是主材。主材费用往往占据总工程成本的60%~70%，其余30%~40%则由施工费用、人工、辅料等成本占据。客户对装修主材关注较多，要把钱花在客户的敏感点上，因此要适当选择知名度较高的主材。而很多主材可以通过几千户的采购量获得较低的采购价格，产生相对的成本优势还能提升售后服务水平，这也是相对于单一住户的个体装修优势较大之处。当然，主辅材的划分和具体比例也受不同委托管理操作模式影响，通常在成本压力下，开发商都会直接采购部分主材，而装修施工单位仅负责辅材和人工等项费用，这样可以降低施工过程中的一些中间税费、操作费用。简而言之，甲方供应主材相对比例越高，成本就会越低。当然，这也对未来工程管理中的采购、供货、工序搭接、现场管理提出了更精细的要求。这其中孰优孰劣，还是要视每个项目的具体情况再具体分析为好。

10.2.3　全装修室内设计过程的成本控制程序及要点

了解过几个常见的成本数字比例关系，让我们再来看看全装修室内设计中的成本控制过程是怎样做到的。通常情况下，全装修室内设计的成本控制可以按以下几个工作步骤来进行：

① 根据产品市场定位确定交楼标准的装修范围和单位造价。一般室内全装修成本标准可在一定的单方造价（元/平方米）范围内，需要结合市场调研、客户分析、产品定位、设计经验等因素统筹选择和确定。

② 设计师按所确定的装修造价进行室内装修设计深化、调整及完善，编制符合市场定位的全装修预算，初步锁定成本。

③ 按初定的装修设计方案，由采购环节来进行主要装修材料、部品的采购询价工作。主要材料及部品可以包括：入户门、铺地材料、卫生洁具、厨房卫生间用品、橱柜、开关插座、家用电器、墙面瓷砖、涂料等等。

④ 根据初步选定的装修材料、部品配置清单相互比较，精确做出装修预算。

⑤ 根据客户测试结果反馈、成本控制目标以及预算成果调整装修设计。

⑥ 最终完成设计，并按照最终方案确定装修成本，后续据此启动采购工作。

这样看来，室内装修设计在每个环节中都有重要的成本控制因素需要关注。

（1）设计定位阶段

我们需要根据客户细分、市场定位来决定精装修的标准。这其中，目标客户、竞争对手、自身定位三者分别都有相应的工作要做。客户细分就是寻找目标客户，也就是对目标客群的消费习惯、可承受价格区间、价值取向的分析。竞品调研重点是收集分析市场同类产品精装修的设计标准及供应、销售情况，最终结合自己项目的要求、自身能力，综合各方面因素，确定装修标准。此标准将指导后期设计方向（如果后期定位或市场发生较大变化，将及时修订），也决定了目标客户通常能够接受什么样的成本。通过大量的调研走访，我们发现中小户型的首次及二次置业目标客户对于自己的装修投入成本，都有预算普遍超支的情况，并且超支额度都能达到20%左右。关键是如何认识这20%的成本，并且如何合理加以利用，比如，哪些是为了提高材料品质而多花的成本，哪些是为了追求更好的功能提高的支付标准，哪些是客户普遍懊恼之处——每每感觉平淡但花费却大大超标——这往往是客户心理不敏感或认为不该超配的区域。这些都是设计需要特别关注并适当增减配置的重点。

（2）设计深化阶段

在设计深化过程中，设计师需要和采购及客户经常互动，因此，设计师要和销售、成本建立及时、可靠的互动机制。在局部设计中要提供多方案或者多种材料搭配的方案进行比选，对不同方案测算成本，选出性价比高的方案，并对设计方案、材料做法不断优化，使其达到最优并最终力争控制在目标成本范围内。这一点在确定精装交楼标准时尤为重要——最终确定的精装修室内交楼标准需要管理层、营销、设计、成本、客户及相关部门达成一致。

（3）设计定型阶段

在设计定型阶段，设计成果一定要包含设计图纸、工艺做法标准以及材料部品配置清单等项。其中，设计图纸对应的体验方案，比如建造样板房，要使目标客户尽早体验实际的精装效果，并不断优化直至细节满意为止。而工艺做法则对应于实楼工程样板间，特别是针对那些规模大且工期较长的项目，提前介入参与实际楼层的装修工程，对于选择好的精装修工程施工单位和进一步完善设计做法都大有裨益，也可以减少后期设计变更带来的成本不可控因素。

表10-1　全装修产品标准配置表

序号	空间/设备系统	系统细分	配置标准:800元	配置标准:1000元	配置标准:1600元	备注
一、厅房系统						
1	玄关	天花	乳胶漆	乳胶漆	乳胶漆	无玄关户型与客、餐厅材料统一
		墙面	浅色乳胶漆	浅色乳胶漆	浅色乳胶漆 局部马赛克饰面	
		地面	玻化砖拼花	玻化砖拼花	石材拼花	
		踢脚	成品PVC踢脚	成品PVC踢脚	钨钢踢脚(实木贴皮)	
		吊顶	石膏板	石膏板	石膏造型顶	
		灯具	吊顶筒灯	吊顶筒灯	吊顶筒灯 带暖色日光灯 预留主灯位	
2	客餐厅	天花	乳胶漆	乳胶漆	乳胶漆	
		墙面	浅色乳胶漆	浅色乳胶漆	浅色乳胶漆	
		地面	强化复合地板普通拼	强化复合地板普通拼	实木复合地板普通拼	
		踢脚	成品PVC踢脚	成品PVC踢脚	钨钢踢脚(实木贴皮)	
		吊顶	挂镜线	局部石膏板吊顶+挂镜线	四周石膏板吊顶	
		背景墙	不标配	可选(挂墙板+画框线)	可选(钨钢金属边皮革硬包)	
		灯具	预留主灯位	吊顶筒灯 带暖色日光灯 预留主灯位	吊顶筒灯 带暖色日光灯 预留主灯位	
		窗台板	仿石材	仿石材	仿石材	
3	主卧	天花	乳胶漆	乳胶漆	乳胶漆	
		墙面	浅色乳胶漆	浅色乳胶漆	浅色乳胶漆	
		地板	强化复合地板普通拼	强化复合地板普通拼	实木复合地板普通拼	
		踢脚	成品PVC踢脚	成品PVC踢脚	木质踢脚	
		吊顶	过道局部石膏板吊顶 石膏角线	过道局部石膏板吊顶 石膏角线	过道局部石膏板吊顶 石膏板造型吊顶	
		灯具	预留主灯位	预留主灯位	吊顶筒灯 带暖色日光灯 预留主灯位	
		窗台板	仿石材	仿石材	仿石材	
4	次卧 客卧 书房	天花	乳胶漆	乳胶漆	乳胶漆	
		墙面	浅色乳胶漆	浅色乳胶漆	浅色乳胶漆	
		地板	强化复合地板普通拼	强化复合地板普通拼	实木复合地板普通拼	
		踢脚	成品PVC踢脚	成品PVC踢脚	木质踢脚	
		吊顶	过道局部石膏板顶+挂镜线	过道局部石膏板顶+挂镜线	过道局部石膏板顶+挂镜线	
		灯具	预留主灯位	预留主灯位	预留主灯位	
		窗台板	仿石材	仿石材	仿石材	
5	家政间 洗衣间	吊顶	原顶乳胶漆	原顶乳胶漆	原顶乳胶漆	无家政间的不考虑此配置
		墙面	防水乳胶漆	防水乳胶漆	防水乳胶漆	
		地面	瓷砖	瓷砖	瓷砖	
		灯具	不标配	不标配	不标配	
		五金	洗衣机多功能地漏 洗衣机专用龙头	洗衣机多功能地漏 洗衣机专用龙头	洗衣机多功能地漏 洗衣机专用龙头	

续表

序号	空间/设备系统	系统细分	配置标准：800元	配置标准：1000元	配置标准：1600元	备注
6	阳台	天花	外墙涂料	外墙涂料	外墙涂料	无阳台的不考虑此配置
		墙面	外墙涂料	外墙涂料	外墙涂料	
		地面	瓷砖	瓷砖	瓷砖	
		灯具	吸顶灯	吸顶灯	吸顶灯	
		地漏	不标配	不标配	不标配	
		挂衣杆	不标配	不标配	不标配	
		备用插座	标配	标配	标配	
		拖把池	不标配	不标配	不标配	
二、厨房系统						
1	厨房吊顶	铝扣板	集成吊顶	集成吊顶	集成吊顶	
2	厨房墙面	瓷砖	东鹏或同等品牌 300mm×450mm	东鹏或同等品牌 300mm×450mm	东鹏或同等品牌 300mm×450mm	
		灶台不锈钢背板	不标配	不标配	不标配	
3	厨房窗台		墙面瓷砖	墙面瓷砖	墙面瓷砖	
4	厨房地面	瓷砖	东鹏或同等品牌 300mm×300mm	东鹏或同等品牌 300mm×300mm	东鹏或同等品牌 300mm×600mm	
5	橱柜	门板	三聚氰胺板	三聚氰胺板	高光三聚氰胺板	
		柜体	三聚氰胺板	三聚氰胺板	三聚氰胺板	
		台面	人造石	人造石	人造石	
		柜体功能	柜体隔板（单层）缓冲铰链	柜体隔板（双层）阻尼三接轨抽屉 转角拉篮 缓冲铰链	柜体隔板（双层）阻尼铁轨抽屉 转角拉篮 下抽拉式拉篮 缓冲铰链	
6	厨房四件套	油烟机	燃气	燃气	燃气	
		燃气灶	燃气	燃气	燃气	
		消毒柜	无	无	燃气	
		水盆龙头	科勒或同等品牌产品	科勒或同等品牌产品	科勒或同等品牌产品	
		洗菜盆	科勒或同等品牌产品	科勒或同等品牌产品	科勒或同等品牌产品	
7	厨房灯具	吸顶灯	300mm×300mm 集成灯	300mm×300mm 集成灯	300mm×300mm集成灯 吊柜下预留感应灯	
三、主卫浴系统						
1	吊顶	铝扣板	集成吊顶	集成吊顶	集成吊顶	
2	墙面	瓷砖	东鹏或同等品牌 300mm×450mm	东鹏或同等品牌 300mm×600mm	东鹏或同等品牌 300mm×600mm 局部马赛克 10mm厚钢化磨花玻璃（可选）	
3	地面	瓷砖	东鹏或同等品牌 300mm×300mm	东鹏或同等品牌 300mm×300mm	东鹏或同等品牌地面拼花	
4	洁具	洗脸盆	科勒或同等品牌产品	科勒或同等品牌产品	科勒或同等品牌产品	户型无淋浴空间除外
		马桶	科勒或同等品牌产品	科勒或同等品牌产品	科勒或同等品牌产品	
		浴缸	科勒或同等品牌产品	科勒或同等品牌产品	科勒或同等品牌产品	
		淋浴屏	可选	可选	可选	
5	浴室柜	装饰镜	双面夹胶镜	双面夹胶镜	双面夹胶镜	
		镜柜体	三聚氰胺板	三聚氰胺板	三聚氰胺板	
		卫柜门板	三聚氰胺板	三聚氰胺板	实木贴皮	
		卫柜柜体	三聚氰胺板	三聚氰胺板	三聚氰胺板	
		台面	人造石	人造石	石材	
6	浴室五金	毛巾环	标配	标配	标配	
		厕纸盒	标配	标配	标配	
		浴巾杆	标配	标配	标配	

续表

序号	空间/设备系统	系统细分	配置标准：800元	配置标准：1000元	配置标准：1600元	备注
6	浴室五金	浴品篮	标配	标配	标配	户型无淋浴空间除外
		淋浴手持花洒	科勒或同等品牌产品	科勒或同等品牌产品	科勒或同等品牌产品	
		浴缸龙头	科勒或同等品牌产品	科勒或同等品牌产品	科勒或同等品牌产品	
		水盆龙头	科勒或同等品牌产品	科勒或同等品牌产品	科勒或同等品牌产品	
7	浴室电气	浴霸	集成浴霸	集成浴霸	集成浴霸	
		排风扇	集成排风扇	集成排风扇	集成排风扇	
		吸顶灯	集成吸顶灯	集成吸顶灯	集成吸顶灯	
		阅读防潮筒灯	雷士或同等品牌产品	雷士或同等品牌产品	雷士或同等品牌产品	
		镜箱灯带	雷士或同等品牌产品	雷士或同等品牌产品	雷士或同等品牌产品	
		浴缸电视点位	不标配	不标配	标配（可选）	

四、客卫浴系统

序号	空间/设备系统	系统细分	配置标准：800元	配置标准：1000元	配置标准：1600元	备注
1	吊顶	铝扣板	集成吊顶	集成吊顶	集成吊顶	无客卫户型不考虑此配置
2	墙面	瓷砖	东鹏或同等品牌300mm×450mm	东鹏或同等品牌300mm×600mm	东鹏或同等品牌300mm×600mm	
3	窗台板		墙面瓷砖	墙面瓷砖	墙面瓷砖	
4	地面	瓷砖	东鹏或同等品牌300mm×300mm	东鹏或同等品牌300mm×300mm	东鹏或同等品牌300mm×300mm	
5	洁具	洗脸盆	科勒或同等品牌产品	科勒或同等品牌产品	科勒或同等品牌产品	
		马桶	科勒或同等品牌产品	科勒或同等品牌产品	科勒或同等品牌产品	
		浴缸	科勒或同等品牌产品	科勒或同等品牌产品	科勒或同等品牌产品	
		淋浴屏	独立淋浴间	独立淋浴间	独立淋浴间	
6	浴室柜	装饰镜	双面夹胶镜	双面夹胶镜	双面夹胶镜	
		镜柜体	三聚氰胺板	三聚氰胺板	三聚氰胺板	
		卫柜门板	三聚氰胺板	三聚氰胺板	实木贴皮	
		卫柜柜体	三聚氰胺板	三聚氰胺板	三聚氰胺板	
		柜内配置	浴室柜：家庭清洁用品（洗衣用品、手纸）+杂志架	在800元基础上增加：衣物篮	衣物篮更换为：抽拉式衣物篮	
		台面	人造石材	人造石材	人造石材	
7	浴室五金	毛巾环	标配	标配	标配	
		洗衣机龙头	标配	标配	标配	
		厕纸盒	标配	标配	标配	
		浴巾杆	标配	标配	标配	
		浴品篮	标配	标配	标配	
		水盆龙头	科勒或同等品牌产品	科勒或同等品牌产品	科勒或同等品牌产品	
		淋浴龙头	科勒或同等品牌产品	科勒或同等品牌产品	科勒或同等品牌产品	
8	浴室灯具	浴霸	集成	集成	集成	
		风扇				
		吸顶灯				
		镜箱灯带	雷士或同等品牌产品	雷士或同等品牌产品	雷士或同等品牌产品	
		阅读防潮筒灯				

五、收纳系统

序号	空间/设备系统	系统细分	配置标准：800元	配置标准：1000元	配置标准：1600元	备注
1	玄关柜	柜体	三聚氰胺板	三聚氰胺板	三聚氰胺板	
		柜门	三聚氰胺板	三聚氰胺板	实木贴皮	

续表

序号	空间/设备系统	系统细分	配置标准：800元	配置标准：1000元	配置标准：1600元	备注
1	玄关柜	家具详细配置	① 分区：长衣短衣区 ② 抽屉：钥匙、文件证件、眼镜盒等收纳抽屉 ③ 可调节隔板：常用鞋、小物品 ④ 柜内设置挂衣杆、雨伞杆及雨伞托盘 ⑤ 柜门：三聚氰胺平板门 ⑥ 五金：钥匙挂钩、鞋刷挂钩、暗装通长金属拉手 ⑦ 抽式换鞋凳 ⑧ 人造大理石	同800元标准	在1000元标准基础上提升： ① 门板：实木贴皮 ② 五金：柜门背后五金 ③ 抽拉式穿衣镜 ④ 石材台面	
2	家政洗衣间柜体	收纳柜	不标配	① 可调节隔板：可放置洗涤用品（洗衣液、洗衣粉、透明皂、消毒粉、彩漂液、衣架、衣架等） ② 热水器两侧的空间可以放置熨衣板及打扫工具 ③ 洗衣机上侧墙上可挂熨衣斗 ④ 柜门后设置可调节置物板 ⑤ 洗衣机龙头及专用地漏无	同1000元标准	根据户型而定
3	衣帽柜	家具详细配置	不标配	① 分区：男女衣服分区、长衣短衣区、叠放区 ② 抽屉：内衣、袜子、围巾收纳抽屉 ③ 柜内设置挂衣杆、领带盒、裤架模块 ④ 可调节隔板：女士包、床品收纳 ⑤ 柜门：三聚氰胺推拉门 ⑥ 柜子内部需要有放置密码箱空间	在1000元标准基础上提升： ① 柜门：实木贴皮门 ② 五金：裤挂、收纳箱等 ③ 柜门上穿衣镜	

六、电器设备

序号	空间/设备系统	系统细分	配置标准：800元	配置标准：1000元	配置标准：1600元	备注
1	热水器		不赠送	不赠送	不赠送	
2	夜灯		标配一个 位于通往卫生间过道处	标配一个 位于通往卫生间过道处	标配两个 一个位于通往卫生间过道处 一个位于主卫生间门口	
3	背景墙电源一键关闭		标配	标配	标配	
4	开关插座		西门子远景白板	西门子远景白板	西门子远景金棕色板	
5	客厅电视高低穿线管		标配	标配	标配	
6	玄关台面充电插座		标配	标配	标配	
7	双控开关		各房间标配	各房间标配	各房间标配	

续表

序号	空间/设备系统	系统细分	配置标准：800元	配置标准：1000元	配置标准：1600元	备注
七、内门系统						
1	户内门		PP膜材质	PP膜材质	实木贴皮	
2	门锁		标配	标配	标配	
3	门吸		标配	标配	标配	

10.3 全装修室内设计对于成本的控制手段

精装修室内设计成本优化的手段——从简单加减法到综合运算统筹

对于成本的控制，以往我们做得比较多的是加减法，即成本高了就砍，低了就加。这样简单的数字修改看似直接有效，有的成本决策好像只用一秒钟就够了，但是这不一定能真正体现客户价值，关键是到底加在哪里，减在哪里，客户是否会满意我们的做法。设计方案要在保证整体形态和品质的基础上，尝试增减一些辅材或者修改一些主材的档次，直到统筹控制在合理范围内才算结束。

10.3.1 设计定位阶段：量化及分析

首先，我们要做到知己知彼。在商业竞争的时代，通过各种资源信息分享和专业研究，针对相近户型的装修方案进行量化分析，对几种工程造价详细对比应该不是难事。这一工作的关键是要习惯将复杂的设计效果数字化，并对抽象数字背后的逻辑关系加以合理解析。

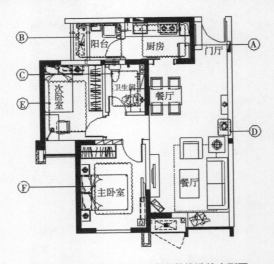

图10-1　成都800元/平方米装修造价户型图

譬如，两款趋同的小面积户型，两位设计师执笔，地处成都和大连两个二线城市，都以人性化室内装修设计为重点，装修单方成本分别为800元和900元。由于其所在地区气候、设计师的兴趣侧重、客户关注点、周边竞品等因素都会对设计方案和成本投入产生细微影响，我们要做的就是逐项罗列其差异，进而分析其成本数值，并探究成本投入与客户需求之间的关系。

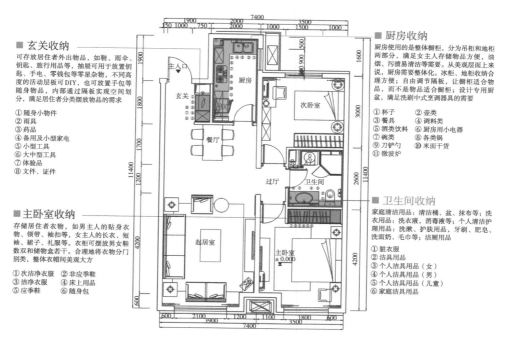

■ 玄关收纳

可存放居住者外出物品，如鞋、雨伞、钥匙、手电、零钱包等零星杂物，抽屉可用于放置钥匙、手电、零钱包等零星杂物，不同高度的活动层板可DIY，也可放置手包等随身物品，内部通过隔板实现空间划分，满足居住者分类摆放物品的需求

① 随身小物件
② 雨具
③ 药品
④ 备用及小型家电
⑤ 小型工具
⑥ 大中型工具
⑦ 体验品
⑧ 文件、证件

■ 厨房收纳

厨房使用的是整体橱柜，分为吊柜和地柜两部分，满足女主人存储物品方便，油烟、污渍易清洁等需要。从美观层面上来说，厨房需要整体化。冰柜、地柜收纳合理方便；自由调节隔板，让橱柜适合物品，而不是物品适合橱柜；设计专用厨盆，满足洗刷中式烹调器具的需要

① 杯子　② 壶类
③ 餐具　④ 调料类
⑤ 酒类饮料　⑥ 厨房用小电器
⑦ 碗类　⑧ 各类锅
⑨ 刀铲勺
⑩ 米面干货
⑪ 微波炉

■ 主卧室收纳

存储居住者衣物，如男主人的贴身衣物、领带、袖扣等，女主人的长衣、短袖、裙子、礼服等。衣柜可摆放男女鞋数双和储物盒若干。合理地将衣物分门别类，整体衣帽间美观大方

① 次洁净衣服　② 非应季鞋
③ 洁净衣服　④ 床上用品
⑤ 应季鞋　⑥ 随身包

■ 卫生间收纳

家庭清洁用品：清洁桶、盆、抹布等；洗衣用品：洗衣液，消毒液等；个人清洁护理用品：洗漱、护肤用品，牙刷、肥皂、洗面奶、毛巾等；洁厕用品

① 脏衣服
② 洁具用品
③ 个人洁具用品（女）
④ 个人洁具用品（男）
⑤ 个人洁具用品（儿童）
⑥ 家庭洁具用品

图10-2　大连900元/平方米装修造价户型图

图10-3 成都项目玄关

图10-4 玄关细节

图10-5 大连项目玄关

图10-6　玄关细节

两个方案的玄关收纳都解决了换鞋、换衣物、仪容整理、鞋及相关物品收纳等问题。成都产品是单侧玄关柜，无悬挂大衣空间（南方气候因素），无换鞋凳。而大连方案则在

吸取他人优点的基础上，结合本地客户需求，设置折叠式换鞋凳、距地1050mm台面、隐藏式抽屉，满足悬挂衣服、物品收纳、换鞋等功能。

图10-7　成都项目客厅

图10-8　大连项目客厅

　　成都产品客厅不连通阳台，室内取消天花吊顶改挂镜线，取消电视背景墙，局部安装射灯，地面人字拼地面改为普通木地板。大连产品设计木作电视背景墙，天花采用石膏线造型，局部安装射灯，阳台铺仿古砖，设置手动晾衣架，并预留插座，还考虑到了过节彩灯插座及挂钩位置。

图10-9　成都项目厨房

图10-10　大连项目厨房

　　成都产品厨房采用的是一字形橱柜，厨房门为单侧拉门，有消毒柜。台面设挡水条，灶台装不锈钢背板，内配拉篮、抽屉等五金件，相应吊柜数量偏少。大连项目厨房则为L形橱柜，其余橱柜台面配置基本相同，室内预留防溅水带开关插座。但成都项目橱柜面板有装饰饰面，品质感略高。

　　成都产品设计有卫生间内的收纳，室内取消防水石膏板吊顶，采用集成吊顶，美观耐用，还设置了坐便上方的阅读灯等人性细节。取消了坐便器的镜柜，同时加厚水盆柜上的镜柜。浴室柜配置杂志架，可调节隔板。大连产品柜门虽然也无造型，但增加了坐便后方的收纳吊柜，仿石材砖提高品质感。

　　大连项目硬装部分（棚、地、墙）造价占总工程造价的43.8%，其中墙面所占比例最高，为23.3%，说明大连项目比较重视墙面装修效果。而橱柜及固定柜部分所占比例也较大，也说明其更注重客户生活的便利性，尤其是收纳方面，更是精装的重点推广要素。其他部分是大连项目为体现贴心增值服务增加的亮点部分，包括淋浴房、穿鞋凳及晾衣架等，投入也较大，占到工程造价的5.4%。

图10-11　成都项目卫生间

图10-12　大连项目卫生间

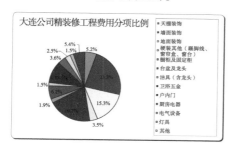

图10-13　大连项目精装修工程费用分项比例

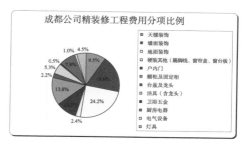

图10-14　成都项目精装修工程费用分项比例

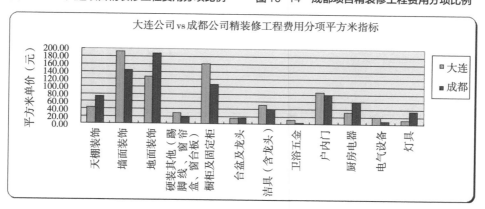

图10-15　两项目成本分项对比

在整体装修费用上，大连与成都项目单价指标相当，但各部分指标有所偏差。

① 天棚装饰：成都项目高于大连项目30元/平方米，主要原因为成都项目在卧室、起居室大量使用吊顶，甚至在卫生间、厨房也使用了装饰吊顶，因此造价高于大连。

② 墙面装饰：大连高于成都项目48元/平方米，主要原因为大连项目大量使用壁纸，

而成都项目设计为白色乳胶漆。

③ 地面装饰：成都产品高于大连产品61元/平方米，原因是成都项目大量使用石材及地砖波打线、拼铺，造价较高。并且成都产品为双阳台，且增加储藏室等导致地面装饰面积大于大连，整体地砖面积大且单价高。

④ 橱柜及固定柜：大连产品高于成都产品56元/平方米，虽然成都产品橱柜饰面有造型，价格略高，但大连项目配置较多，增加的通道柜、橱柜及卫生间柜体数量较多。

⑤ 厨房电器：成都高于大连项目31元/平方米，原因为成都项目档次稍高并配消毒柜。

⑥ 灯具：成都高于大连项目。主要原因为成都项目在起居室及卧室增加天花灯带。

10.3.2　设计深化阶段：客户价格压力测试

将图纸或实体化的设计方案完全数字化转换之后，如何取舍就是一个在设计深化中必须要面对的问题。"从客户中来，再到客户中去"是遵从的原则，而"价格压力测试"就是有效的工具。如果漫无边际地选择，客户当然会选择最好最多的材料和部品，但其实他们心中能接受的价格是有边界的。在此背景下，要特别关注消费者对装修产品部件（品牌、材质）的偏好度：不同装修预算标准下，消费者在理想状态和有价格压力下的产品组合选择对比，以及不同装修预算标准下，消费者在有价格压力下对产品部件的价值分类排序，由此推导出成本控制的边界。

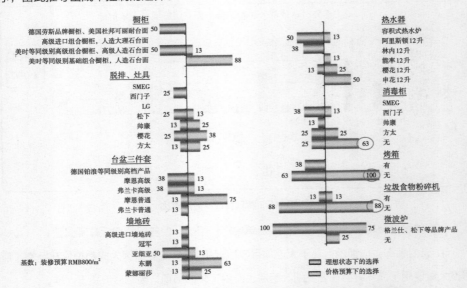

图10-16　800元/平方米装修预算的压力下，厨房设备压力测试分析

在800元／平方米装修预算的压力下，同样数量的客户在选择比重上发生了明显变化。比如，厨房配置在有装修预算的压力下，多数消费者彻底放弃了对消毒柜、烤箱和垃圾食物粉碎机的选择，但仍保留了微波炉。卫生间中的产品品牌都普遍向下做了调整，部分消费者选择放弃了浴缸。客餐厅中的产品在预算价格的压力下，品牌普遍也做了下调；绝大多数消费者放弃了所有收纳系统产品的选择。

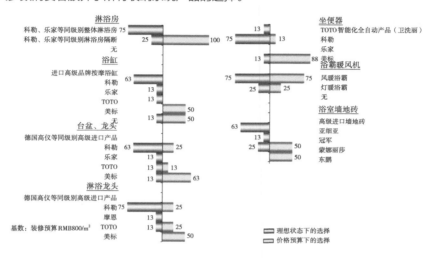

图10-17　800元／平方米装修预算的压力下，卫生间设备压力测试分析

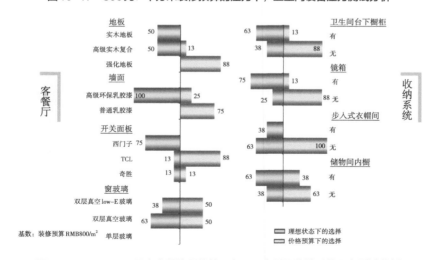

图10-18　800元／平方米装修预算的压力下，客厅及收纳系统压力测试分析

在成本压力之下，我们可以看到客户舍弃的首先是一些较为高档的东西。而且由于价格预算的较大限制，价值较大的产品品牌都做了相应的下调。

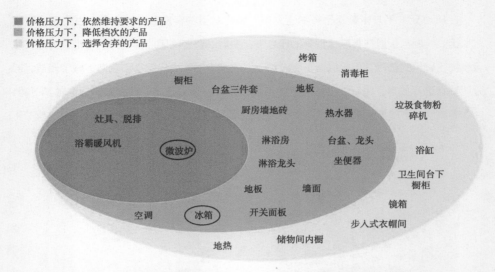

图10-19 装修预算800元每平方米价格压力下，各类产品的价值排序

在1200元／平方米装修预算的压力下，消费者维持了对大部分厨房产品的理想需求；选择保留了消毒柜，但放弃了烤箱和垃圾食物粉碎机。淋浴房、坐便器品牌有所下降，其他基本维持了原有的选择。消费者在收纳系统中选择了镜箱和储物柜内橱，放弃了卫生间台下橱柜和步入式衣帽间。

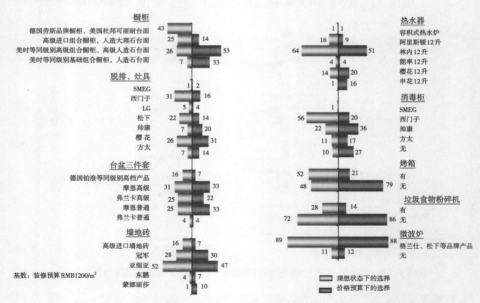

图10-20 1200元／平方米装修预算的压力下，厨房设备压力测试分析

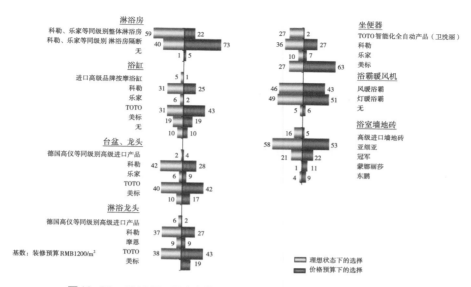

图10-21　1200元／平方米装修预算的压力下，卫生间设备压力测试分析

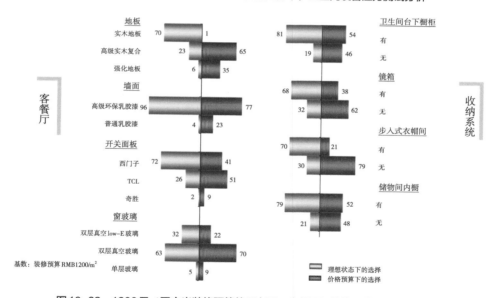

图10-22　1200元／平方米装修预算的压力下，客餐厅及收纳系统压力测试分析

　　我们似乎可以感觉到，客户明显维持原来品牌选择的部件增多了，而选择放弃的部件也相应减少了。其实，这也佐证了目前全装修市场较为常见的成本范围，即在现有部品、材料的价格标准下，1000~1200元左右的单方成本是有一定品质感且组合模式相对较为宽松的一个区间。

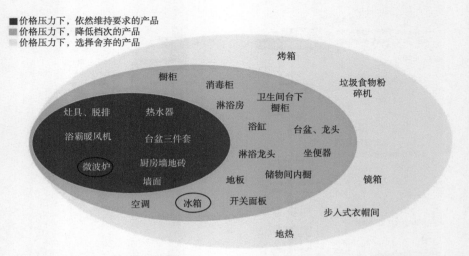

■ 价格压力下，依然维持要求的产品
■ 价格压力下，降低档次的产品
■ 价格压力下，选择舍弃的产品

烤箱

橱柜 消毒柜 垃圾食物粉碎机

淋浴房 卫生间台下橱柜

灶具、脱排 热水器 浴缸 台盆、龙头

浴霸暖风机 台盆三件套 淋浴龙头 坐便器

微波炉 厨房墙地砖 镜箱

墙面 地板 储物间内橱

空调 冰箱 开关面板 步入式衣帽间

地热

图10-23 装修预算1200元/平方米价格压力下，各类产品的价值排序

也就是说，在设计面对成本压力之时，我们不要急于举起"砍刀"，而是要根据设计理念对不同产品进行组合测试。在调整组合的过程中，可通过调研分析，以求在控制成本的同时尽可能地符合消费者的需求。

10.3.3 设计定型阶段：材料及采购管理

成本的控制不仅仅出现在外部客户的端口，在内在采购环节也同样重要，这一点在设计定型阶段显得尤为突出。设计师在完成成品住宅装修设计时，也有必要与厂家保持互动，一方面可以及时了解行业的标准，尝试新技术新材料来提高设计品质，另一方面也可以通过自身的专业经验，引导行业标准合理、健康、有序发展。譬如，现行主流家装市场因难以具备规模化生产，以及客户零散等特点需要高比例的推广费用，使得主材在流通环节溢价过高。如果设计师具备明确的识别能力，其他环节的隐形信息就相对可控了。因此，成本控制的重要一环就是依托市场集中大宗采购的标准和能力，合理规范施工、材料设备采购等环节水分。而在这其中，设计师对室内装修常见批量采购物料有清晰的认知则尤为重要。

10.3.3.1 石材的采购

石材主要使用部位：地面铺地、窗台板、橱柜台面、门套、装饰柱等。

（1）石材的选择与搭配

批量装修设计使用石材不能仅仅关注效果，还要考虑到材料获取的难易程度和实现

的成本，应尽量选择那些容易采购，同时
搭配效果又好的材料进行组合。比如，以
新西米（便宜）为主，搭配卡布奇诺（贵）
做点缀，是既体现品质感又能有效控制成
本的做法。

（2）石材的采购

石材的采购也比较复杂，即便是相同
名称的石材，其品质可能天差地别。为减

图10-24　新西米点缀卡布奇诺

少争执和方便管理，通常由施工单位供应。关键是要选择好大板，并且在运输、保管及施
工过程当中切实地做好成品保护工作。

（3）石材编号

石材编号是一件细致的工作，要求区分不同的使用部位，逐一编号，避免混淆。打包
最好按照套间进行，避免按照规格不同大量打包，否则分发到不同部位时很容易出现错
误，特别是如果编号不完善，那后果几乎是灾难性的。

10.3.3.2　卫生洁具的采购

要知道，洁具对装修档次影响很大，价格差别也不小。比如，对于普通客户认知度相
当的合资品牌，同档次的马桶和面盆，可
能价差会在200元以上，这也就意味着单
方成本将增加2元。

此外，洁具材料的关注要点还在于龙
头等配件的选择必须与洁具匹配，下水配
件选择的质量要关注。马桶的规格应该与
现场预埋一致，否则无法安装，或者改动
太大。而浴缸的选型与施工往往直接影响
现场泥水的施工进度，也应予以关注。

图10-25　同档次洁具，不同选型会有不同价差

10.3.3.3　橱柜的采购

橱柜采购关注的质量要点：

① 台面人造石的质量有差异，价格差别更是可达10倍之多。

② 柜体所用板材多为防潮板，而防潮板质量也有高低之分。柜体表面材料中，便宜的

防火板几十元每张，贵的则上千元一张。

③ 橱柜中的每一种五金零件，进口和非进口价格差别极大，例如抽屉所用的滑轨，质量好的可以承受一个人的重量，其价格也颇为可观。

④ 收纳系统配置方面，抽屉有的是金属制品，有的用普通板材制成。而且其数量越多，橱柜造价也越高。其他各种附件，例如金属拉篮、支架等的数量、质量，封边条的工艺及材料等都对单方成本有着不小的影响。

当然，整体的成本还是要与产品定位相当。不管材料如何搭配，有一定品质的橱柜一延长米的造价宜控制在 1500~1800 元之间。其中品牌的落差影响最为直接，例如，西门子三件套的价格比方太三件套的集中采购价格高出约 1000 元，这也就意味着单方成本增加 8~10 元。

图 10-26 橱柜的品质与细节

10.3.3.4 木制品的采购

由于制作安装的时间比较长，木制品对装修工程的进度影响很大，安装时对现场还有一定影响，是值得关注的科目之一。木制品几乎每一部分都可以构成不同的质量等级，价格也有明显差异，其活动部件的可靠性尤其需要认真把握。

表 10-2 木制品价格参照表

衣柜	柜体	650元/平方米	便宜
	平开门板	450元/平方米	较便宜
	推拉门	800元/平方米	最贵

木制品的几个质量关键点：

① 木材本身要求一定的干燥水平；

② 选择适宜的饰面用料和做法；

③ 门的五金件以及门板的构成方式
（实木门、空心门、模压门）；

④ 关注门套选型、木制品的油漆质量。

几乎所有项目都遇到过木制品供货商
产能不足的问题。为了预防此类问题，可
尝试将其工作划分为几个步骤，并在采购
合同中予以明确：

图 10-27　门的不同内部结构

① 完成门的设计。不只是效果，更是
技术标准、五金件配置的确定。

② 提早进行样板门制作，并与供货商确定验收标准。

③ 根据供应商的产能制定严格的排产计划，并分别约定门框、门扇、门套等部分的进
场时间。

④ 现场安装，成品验收。

图 10-28　木制品的设计与制作

10.3.3.5　木地板的采购

木地板是属于对总成本影响较大，但
客户感受可能又不太明显的项目。实木复
合地板色差大，成品保护难度大，客户容
易投诉。如果把实木复合木地板改为强化
复合木地板，每平方米成本可节约30元
（强化复合地板100元/平方米，复合实木
地板150元/平方米，实木地板300元/平

图 10-29　踢脚线做法

方米以上）。此外，样板间的踢脚线做法往往成本较高，在大面积实施过程中可将踢脚线阴角取消，既可减少成本，又不至影响美观。

10.3.3.6　地砖、瓷砖的采购

尽管瓷砖是标准的工厂产品，但是受产品档次及不同生产批次的影响，瓷砖带来的质量问题也并不少见。因此，在选购瓷砖的过程中应注意以下问题：

图10-30　橱柜背后墙面做法

① 标准的室内砖的设计，应有排砖设计图纸。

② 当墙砖采用无缝砖时，砖的损耗可能会远大于定额值。

③ 不同批次的砖容易产生色差，还要关注砖的几何尺寸、方正度、平面翘曲问题。

瓷砖的供应没有想象的那么麻烦，但瓷砖的供货对施工进度的影响是直接的，需要保证其供货。同时，建议最好按照每一色号准备2%的瓷砖用于物业维修。在厨房贴砖时，从环保节约方面考虑，厨房贴砖方式为外露部分贴砖，橱柜背后均为水泥砂浆抹灰，在大批量施工过程中会节约不少成本。

10.3.3.7　其他部品材料的采购

（1）电器开关插座的采购

在全装修产业集中采购优势之下，知名品牌的开关插座也可以保持较低的成本。

（2）水泥的采购

白水泥的质量一定要好，否则勾缝会发黑。质量差的水泥，有时候会出现凝结时间过长等问题。如果水泥用于墙面石材的镶贴，那么对水泥的质量应予以高度关注。

（3）天花角线的采购

大批量施工时，天花角线能妥善地遮掩部分阴角不顺直的问题，因此建议最好设计天花角线。天花角线采用工厂化施工，由工厂派人安装，质量好、速度快。有些设计将天花角线设计为木线条，易产生裂缝。除非天花角线设置在木制窗帘盒上，否则，天花角线建

议一律采用石膏制品。

（4）灯具的采购

全装修产品建议配置厨房、卫生间、走道部分照明灯具即可。对于大批量精装修来说，灯具的耐久性是要优先保证的问题。因为施工过程中难免会遇到污染（如水泥或有侵蚀性的气体），灯具金属部分的防锈能力值得关注。T5灯管的损耗率很高，引起投诉的可能性较大。用于控制T5暗藏灯带时，因灯具功率较大，需要采用加强型（52W），但也并非完美组合。感应开关用于控制节能灯时，因电感作用容易引起闪烁，甚至损坏，应避免这种设计。

（5）五金件的采购

五金件既要防锈，又要耐用。尤其是水龙头，属于经常使用的部件，质量尤其要可靠。五金件颇能体现装修档次，因此设计和选型要予以重视。举个例子，我们发现即便韩国有民族产品情结，其室内装修的五金件也多来自德国。

（6）铝合金吊顶

卫生间铝合金吊顶要求选用比较厚的铝扣板。因为烤漆产品档次较低，容易变黄，最好采用覆膜产品。收边用的角铝容易变形，不宜太薄，也不宜打胶，因为玻璃胶本身会收缩，引起变形。吊顶安装完成后，在其上的灯具不应反复整改，否则也会影响吊顶质量。

（7）镜子的采购

主要是要防止生锈，因而必须采用质量良好的银镜。玻璃胶宜用中性产品，周边要求密封防潮。同时需要注意的是，镜子的损耗也是很高的。

（8）乳胶漆

乳胶漆是业主投诉重点部分，建议采用较高等级、高质量的产品。乳胶漆的涂布率是一个容易引起争议的问题，通常按照面漆7平方米/升、底漆12平方米/升比较适宜（随产品不同略有差别）。

批量成品住宅装修大大增加了材料的设计深度和部品采购量，因而部品的采购和质量管控成为关键问题。很多情况下，由于材料信息库数据不完善，又缺乏对产品技术性能、行业价格的了解，这种信息不对称成为制约项目顺利进行的掣肘。同时，由于外部市场压力巨大，开发商资金链紧张，无论对于设计师还是供应商，严控成本已然成为产品实现上的紧箍咒。一味简单压低价格，可能导致开发商和供应商的"双输"局面。而有效控制成本，并保证产品的质量和品质，寻求最优性价比，才能使供需双方获益。因此，重新定义采购双方的关系，寻求更深度的合作，通过系统化、信息化的方式去管理，力促信息共享和规模化发展，已成为行业发展的必由之路。

10.3.4　室内设计成本优化的方法与举例

10.3.4.1　大处着眼，大胆更换

在充分掌握上述材料采购、价格体系知识的情况下，一旦设计方案大幅度超出成本目标就不必慌张。我们可以从容地找到那些客户相对并不敏感，而采购价格却很敏感的大宗材料，在方案中果断替换。图 10-31，图 10-32 中的两个方案，将客厅石材换成了地板，从样板间的效果反馈来看，客户反映并不强烈，但装修成本却已轻松很多。

图 10-31　石材地面的客厅　　　　　　　　图 10-32　木地板地面的客厅

再举个居室的案例，两者整体单价相差 200 元/平方米，而居室内的方案变化是关键。地面由人字拼贴改为普通铺贴——卧室毕竟被床、家具占据了绝大多数空间，因而客户对地面材质铺贴做法并不敏感。而取消石膏线改为局部吊顶的做法显著增强了效果，虽然增加了部分成本，但是由此却可以合情合理地少做一组硬装衣帽柜，或者将衣帽柜作为活动家具另做卖点处理。

图 10-33　赠送衣帽柜的卧室　　　　　　　图 10-34　不赠送衣帽柜的卧室方案
　　　　　（1000 元/平方米）　　　　　　　　　　　（800 元/平方米）

10.3.4.2　一举多得，做正确的事

很多优秀的设计做法都是节省成本的，甚至可以做到效果、功能、成本兼顾，并且易

于维护，一举多得。这些都要求我们点滴积累，坚持多做那些正确的事。比如，玄关柜将全高落地柜体改为半高不落地柜体，既节省成本，又能够提供放置拖鞋、常用鞋的收纳空间，并且有展示功能，如此一举三得的细节不得不多考虑。

厨卫石材门槛和地板交界处，常规做法为使用塑料 T 形收边条或金属 T 形收边条，观感差而且也带来额外的费用支出。此处可以在石材门槛节点做处理，略高出地板 3~5mm 压地板即可，不再需要 T 形收边条，既节省成本，又提升观感。国内目前的施工水平条件下，两种地板材料采用平接方式，很难做到接缝整齐。如果采用 PVC 压条来封压接缝，会令观感粗糙，没有品质感，又因为 PVC 压条容易损坏，对通行造成不便。所以，大理石地面与木地板过渡处不应采用平接加 PVC 压条做

图 10-35　有效利用不落地的玄关柜

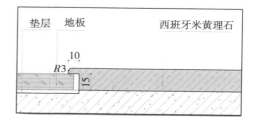

图 10-36　材料交接示意图

图 10-37　木地板与石材交接用 PVC 压条处理

图 10-38　木地板与石材交接的处理

法，可以采用大理石高出木地板，并封压在木地板上面的做法。如果两种地板材料不得不采用平接的方式，可以采用金属压条来封压接缝。

居室的窗帘杆尽量考虑明杆设计。制作窗帘盒既浪费材料，又增加制作成本，且盒内滑道不便于维修。采用明杆，既简洁明了，也适用于各种室内装修风格。

10.3.4.3 小处着手，细节为王

很多小细节容易被人忽视，而批量成品住宅的设计与成本的关系是非常容易被累加的。莫以善小而不为，特别不要忽视五金配件，当然，这也绝不意味着可以简单地以次充好。比如图10-40中，收纳柜折叠门的外侧隐藏式拉手问题，门折叠的时候，此拉手无法拉动；关闭的时候是从内侧推、锁，也不用此拉手，所以应该取消。

图10-39　明杆窗帘设置

图10-40　五金拉手细节

再比如图10-41，图10-42中的淋浴屏，有框的设计造价为350~400元/平方米；无框的造价为400~450元/平方米。其实二者在室内效果感受上差别并不明显。

图10-41　有框的淋浴屏

图10-42　无框的淋浴屏

橱柜吊柜部分设计有玻璃门或上翻门，上翻门铰链较贵，而且使用高度偏高，因此直接使用平开门（上翻门铰链及支撑每副比普通铰链约增加成本50~100元）。同理，玻璃门数量精简，每套橱柜不多于2扇，以展示为主。其他吊柜均采用普通门扇，既节省成本，也有利于杂物收藏。

图 10-43　吊柜五金件

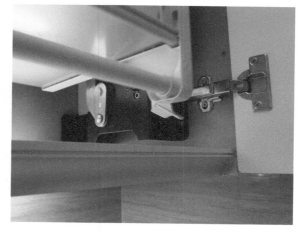

图 10-44　五金铰链

　　设计成本的控制是双向的，设计工作是按客户的需求，将产品打造成标准化的产品。而作为材料生产厂家、供应商应该关注什么呢？简而言之，就是要学会关注设计需求，即下游企业产品组织的目标，而不是自己闭门造车。进一步来讲，如果哪些产品既能够满足功能需求，提升设计效果，同时又易于规模化实施，便于降低成本，它们就有可能成为下一代精装修产品标准中的一部分。而要具备这个关注力，企业需增强自身产品的研发能力，完善服务、经营和管理模式，比如，把销售系统和生产系统做到有预测、有跟进、有反馈的结合，相互验证。因为企业不再是简简单单卖一个产品或材料，而是同整个行业、各个类别的工程、不同层次的客户需求打交道。只有深入参与设计服务的全过程，对设计、销售、生产、安装、售后服务全程掌握，才有可能达成更深层次的合作。

后记

　　写作就像一种修行，特别是你在那些浩瀚的知识点中不断拓展、纠结、冥想的过程，很多时候会彷徨反侧，会茫然无助，有时会质疑是否该到此为止，有时甚至感觉该调头而去。在这个时候，自身的坚持和他人的帮助就显得弥足珍贵。在此要特别感谢张长征、周燕珉两位技术专家和前辈的大力提携和宽容支持，以及马京诚、廖晓燕，道日娜这几位敬岗爱业的优秀专业人员，正是他们的鼎力支持才使本书有了初始的脉络。面对困难，一起走过去，就会参悟出另一番天地。也要感谢陈向武、常虹、刘剑华、王晟、姜中天、王贺和捷思设计有限公司，正是因为有如此众多资深设计师和技术沉淀的鼎力支持，才有了今天的成果。同时也要感谢集意宴设计有限公司，一家本已具有相当竞争潜质的年轻团队，却在成长过程中经历着阵痛和周折，随着市场的拓展，希望大家未来的道路会更加顺畅。知识和技术是核心竞争力，而管理与团队才是成事的关键。通过这次忙里偷闲的梳理，我更加体会到当前时代发展的市场机遇与专业潜力，同时也感受到了未来的差距和挑战，希望大家的智慧能够推动精细化室内设计行业水准的提升，成为我们这个时代技术管理工作上点滴有益的痕迹。

　　本书成册之时，本人已过不惑之年，这也是本人第二次尝试将某个专业类内容归集成册。于此，再次引用台湾德简书院院长王镇华先生的那段话："能重视自己的生活经验就是自信，而将那种感动流露出来就有创造。"希望也正是所谓好事成双吧。同时，还要把这本书献给我的家人，希望我的母亲，健康长寿；我的太太，事业有成；当然，还有我那刚刚开始小学学业的女儿，沈欣然，这个世界上最最聪明、最最快乐的宝贝，自强自律、勤勉好学，在知识的海洋中恣意畅游、快乐成长。

沈源

2017 年 1 月 1 日